Alexander Scheitza

Interkulturelle Kompetenz bei der Feuerwehr

Herausforderungen und Perspektiven

Verlag W. Kohlhammer

Dieses Werk einschließlich aller seiner Teile ist urheberrechtlich geschützt. Jede Verwendung außerhalb der engen Grenzen des Urheberrechts ist ohne Zustimmung des Verlags unzulässig und strafbar. Das gilt insbesondere für Vervielfältigungen, Übersetzungen, Mikroverfilmungen und für die Einspeicherung und Verarbeitung in elektronischen Systemen.
Die Wiedergabe von Warenbezeichnungen, Handelsnamen und sonstigen Kennzeichen in diesem Buch berechtigt nicht zu der Annahme, dass diese von jedermann frei benutzt werden dürfen. Vielmehr kann es sich auch dann um eingetragene Warenzeichen oder sonstige geschützte Kennzeichen handeln, wenn sie nicht eigens als solche gekennzeichnet sind.
Es konnten nicht alle Rechtsinhaber von Abbildungen ermittelt werden. Sollte dem Verlag gegenüber der Nachweis der Rechtsinhaberschaft geführt werden, wird das branchenübliche Honorar nachträglich gezahlt.

1. Auflage 2021

Alle Rechte vorbehalten
Umschlagbild: Feuerwehr Mülheim an der Ruhr
© W. Kohlhammer GmbH, Stuttgart
Gesamtherstellung: W. Kohlhammer GmbH, Stuttgart

Print:
ISBN 978-3-17-035902-4

E-Book-Formate:
pdf: ISBN 978-3-17-0350904-8
epub: ISBN 978-3-17-035905-5
mobi: ISBN 978-3-17-035906-2

Für den Inhalt abgedruckter oder verlinkter Websites ist ausschließlich der jeweilige Betreiber verantwortlich. Die W. Kohlhammer GmbH hat keinen Einfluss auf die verknüpften Seiten und übernimmt hierfür keinerlei Haftung.

Kohlhammer

Inhaltsverzeichnis

Einleitung **9**

1 Eine kurze Kulturgeschichte der deutschen Feuerwehr **14**
    1.1 Interkulturelle Wurzeln 14
    1.2 Revolutionärer Geist 15
    1.3 Ausbreitung und Vielfalt 17
    1.4 Die Kaiserzeit: Militarisierung und Corpsgeist 18
    1.5 In der Weimarer Republik: Auf der Suche nach einer Rolle im neuen System 21
    1.6 Im Nationalsozialismus: Vom bürgerschaftlichen Selbsthilfeverein zur gleichgeschalteten technischen Hilfstruppe der Ordnungspolizei 22
    1.7 Neuanfang nach dem 2. Weltkrieg: Zwischen Kontinuität und Verdrängung 25
    1.8 Modernisierung: Wiederaufleben internationaler Kontakte und erste Frauen bei der Feuerwehr 27

2 Das Ehrenamt in Deutschland: Geschichte und Trends vor dem Hintergrund einer kulturell vielfältigen Gesellschaft **30**
    2.1 Entstehung von Ehrenamt und bürgerschaftlichem Engagement. 30
    2.2 Begriffsverwendungen für den Bereich Ehrenamt und Engagement 33
    2.3 Aktuelle Trends in Deutschland 34
    2.4 Ehrenamtliches Engagement unter den Herausforderungen des demografischen Wandels 36
    2.5 Freiwilliges Engagement im internationalen Vergleich 37
    2.6 Engagement von Migrant*innen in Deutschland 40
    2.7 Integration durch bürgerschaftliches Engagement 43
    2.8 Fazit: Doppelter Mehrwert durch Öffnung und Information 44

3 Feuerwehr heute **45**
    3.1 Funktionen der Feuerwehr 45
    3.2 Mitgliederentwicklung 46
    3.3 Kultur der Feuerwehr 49

Inhaltsverzeichnis

4 Interkulturelle Herausforderungen der Feuerwehr **54**
    4.1 Warum Kultur zu einer Herausforderung werden kann 54
    4.2 Kulturelle Faktoren im Einsatzgeschehen 57
    4.3 Kulturelle Faktoren bei Mitgliedergewinnung und Mitgliederhaltung 68

5 Interkulturelle Öffnung **77**
    5.1 Begriffsklärung 77
    5.2 Chancen und Risiken kultureller Vielfalt 78
    5.3 Interkulturelle Öffnung als Prozess 80
    5.4 Wie interkulturell offen ist die Feuerwehr? 81
    5.5 Bereiche interkultureller Öffnung und Ansatzpunkte für die Feuerwehr 84
    5.6 Chancen und Herausforderungen interkultureller Öffnung der Feuerwehr: Ein Resümee 89

6 Interkulturelle Kompetenz **91**
    6.1 Stand der Forschung 91
    6.2 Fünf Bereiche Interkultureller Kompetenz 93
    6.3 Feuerwehrspezifische interkulturelle Kompetenzen 95

7 Vermittlung interkultureller Kompetenz bei der Feuerwehr **103**
    7.1 Ziele interkultureller Trainings 103
    7.2 Baustein »Bedeutung des Faktors Kultur« 105
    7.3 Baustein »Kulturelle Unterschiede« 106
    7.4 Baustein »Verhaltensanalyse mit dem KPS-Modell« 110
    7.5 Baustein »Unconscious Bias, Stereotype und Diskriminierung« .. 112
    7.6 Baustein »Dynamik interkultureller Kontaktsituationen« 113
    7.7 Baustein »Bewusstmachung von Standards und Orientierungen der Feuerwehr« 115
    7.8 Baustein »Einfache Sprache« 117
    7.9 Baustein »Kommunikation mit Personen mit anderen Kommunikationsgewohnheiten« 117
    7.10 Baustein »Von Unterschieden zum gemeinsamen Handeln« 118

8 Tipps für die Vermittlung interkultureller Kompetenz **120**
    8.1 Strukturelle Hindernisse interkultureller Weiterbildungen bei der Feuerwehr 120

Inhaltsverzeichnis

    8.2 Persönliche Widerstände gegen interkulturelle
         Weiterbildungen 122
    8.3 Rahmenbedingungen für erfolgreiche interkulturelle Weiter-
         bildungen 124
    8.4 Kontextbewusste Weiterbildungskonzeption 126
    8.5 Die Akzeptanz des/der Seminar- bzw. Lehrgangsleiter*in 129
    8.6 Umgang mit Widerständen im Seminarraum 131

9 Resümee **133**

Literaturverzeichnis **137**

Einleitung

Am 3. Februar 2008 kam es in Ludwigshafen zu einem verheerenden Brand in einem von türkeistämmigen Migrantinnen und Migranten bewohnten Haus. Neun Personen kamen dabei ums Leben, 60 wurden verletzt. Tragödien in dieser Größenordnung sind in Deutschland zum Glück sehr selten. Zu einem besonderen Ereignis wurde dieser Hausbrand nicht nur wegen der Anzahl der Opfer, sondern noch aus einem anderen Grund: Türkischsprachige Medien berichteten in den Tagen danach, dass Feuerwehr und Polizei nicht schnell genug gehandelt hätten. In den Wochen nach dem Einsatz wurde ein Feuerwehrmann tätlich angegriffen, andere erhielten Morddrohungen, viele Feuerwehrangehörige wurden beschimpft. Erst als der Verdacht einer Ungleichbehandlung widerlegt werden konnte und nach aktiver Aufklärungsarbeit in der türkischen Community Ludwigshafens glätteten sich langsam die Wogen.

Laut den regelmäßig durchgeführten Umfragen des Forsa-Instituts genießt der Beruf des Feuerwehrmanns bzw. der Feuerwehrfrau mit das höchste Ansehen aller Berufe in Deutschland. Entsprechend groß war bei der Feuerwehr das Erstaunen über die Vorwürfe und das Entsetzen über die Übergriffe in den Wochen nach der Brandkatastrophe in Ludwigshafen. Ganz offensichtlich gab es eine Bevölkerungsgruppe, die nicht ganz so positiv über die deutsche Feuerwehr dachte oder bei der zumindest diese positive Sicht auf sehr wackeligen Beinen stand. Der Hausbrand von Ludwigshafen rückte schlagartig die kulturelle Vielfalt in Deutschland in die Aufmerksamkeit der Feuerwehr: Wie werden wir bei nicht deutschstämmigen Mitbürger*innen wahrgenommen? Was wissen Menschen mit Migrationshintergrund über uns und unsere Arbeit? Und schließlich: Was müssen wir tun, um bei den sich ändernden gesellschaftlichen Bedingungen auch in Zukunft erfolgreich unsere Aufgaben zu erfüllen?

Im darauffolgenden Jahr nahm auch die erste Feuerwehr Kontakt mit dem interkulturellen Weiterbildungsinstitut auf, dem ich angehöre. Seitdem nimmt die Arbeit mit Berufsfeuerwehren und Freiwilligen Feuerwehren einen nicht unerheblichen Teil meiner Tätigkeit als interkultureller Trainer ein. Für einen Trainer ohne eigene Feuerwehrerfahrung war das Feuerwehrwesen zu Beginn Neuland. In den Jahren der gemeinsamen Arbeit konnte ich aber immer tiefer in das »Feuerwehruniversum« eintauchen und die Feuerwehr ist mir in dieser Zeit immer mehr ans Herz gewachsen. Die Tätigkeit von Einsatzkräften ist in doppeltem Sinn sozial: Sie setzen sich – teilweise unter Lebensgefahr – für das Gemeinwesen ein und tun dies auf eine

Einleitung

Art und Weise, die meist nur im Verbund mit Kameradinnen und Kameraden erfolgreich sein kann. Ein bestimmter Menschentyp ist mir bei der Feuerwehr häufig begegnet: Mit Nüchternheit blickt er auf ein Geschehen, mit Leidenschaft setzt er sich bei seiner Tätigkeit ein und mit Warmherzigkeit genießt er das kameradschaftliche Miteinander.

Aber nicht immer war die Zusammenarbeit mit der Feuerwehr spannungsfrei. In einem Großprojekt mit einer Berufsfeuerwehr wurden meine Kolleg*innen und ich belehrt, dass nicht jeder Feuerwehrmann/-frau darauf gewartet hat, seine/ihre interkulturellen Kompetenzen weiter auszubauen. Die zugenommene kulturelle Vielfalt in der deutschen Gesellschaft wurde von nicht wenigen Kamerad*innen skeptisch betrachtet, die notwendigen Anpassungsleistungen einseitig von Migrant*innen erwartet. Dass ein gekonnter Umgang mit interkulturellen Herausforderungen heutzutage auch Teil der eigenen Professionalität sein muss, war nicht auf Anhieb einsichtig. Nach mehreren gelungenen Kooperationen mit Feuerwehren und einer Vielzahl interkultureller Weiterbildungen für Sicherheitskräfte und öffentliche Verwaltungen zeigte uns dieses Projekt auf, dass gelegentlich sehr grundlegende Überzeugungsarbeit zu leisten ist und die Rahmenbedingungen einer Weiterbildung nicht vernachlässigt werden dürfen, damit eine interkulturelle Weiterbildung auch erfolgreich sein kann. Um mit solchen – menschlich ja durchaus nachvollziehbaren – Widerständen umzugehen und Angehörige der Feuerwehr in interkulturellen Weiterbildungsveranstaltungen dort abzuholen, wo sie sich in ihrer Auseinandersetzung mit interkulturellen Themen gerade befinden, haben meine Kolleg*innen und ich unser Repertoire an Inhalten und Methoden im Anschluss an diese Erfahrung beständig ausgebaut und verfeinert.

In den letzten Jahren ist neben dem Einsatzgeschehen eine weitere interkulturelle Herausforderung in das Blickfeld der Feuerwehr geraten: Während die deutsche Gesellschaft in den vergangenen Jahrzehnten kulturell immer vielfältiger geworden ist, sind die in der Feuerwehr Tätigen fast ausschließlich deutscher Herkunft. Menschen mit nicht-deutschen Wurzeln scheinen nur selten den Weg in die Feuerwehr zu finden. Migrantinnen und Migranten in die Feuerwehr zu integrieren, ist aber nicht nur ein Gebot gesellschaftlicher Mitverantwortung. Aufgrund rückläufiger Mitgliedszahlen wird es vor allem für die Freiwillige Feuerwehr zu einer puren Notwendigkeit, verstärkt auch Mitglieder aus anderen Bevölkerungsgruppen zu gewinnen, um auch in Zukunft erfolgreich ihren Auftrag zu erfüllen. Es stellen sich die folgenden Fragen: Wie erreicht man diese Gruppen? Wie kann man Menschen mit Migrationshintergrund für die Feuerwehr begeistern? Welche Strategien und welche Argumente sprechen diese Zielgruppe an? Inwiefern muss die Feuerwehr ihre eigene »Kultur« überdenken und an manchen Stellen vielleicht modifizieren?

Einleitung

Dieses Buch basiert auf einer Vielzahl von Weiterbildungsveranstaltungen und Gesprächen mit Feuerwehrangehörigen. Es widmet sich sowohl den interkulturellen Herausforderungen im Einsatzgeschehen als auch bei der Gewinnung von Mitgliedern. In den ersten vier Kapiteln beschreibt es den Status quo der deutschen Feuerwehr. Kapitel 1 blickt dabei in die Vergangenheit und stellt die wechselhafte Geschichte des Feuerwehrwesens in Deutschland bis zur Wiedervereinigung dar. Der Autor Rolf Schamberger (Leiter des Deutschen Feuerwehrmuseums in Fulda) beschreibt die interkulturellen Wurzeln der deutschen Feuerwehr und zeigt auf, wie diese sich immer wieder an gesellschaftliche Bedingungen angepasst hat bzw. anpassen musste.

Kapitel 2 beschäftigt sich allgemein mit dem Ehrenamt, seiner Geschichte sowie den Entwicklungen von bürgerschaftlichem Engagement in jüngster Zeit. Ein besonderes Augenmerk liegt auf dem Verhältnis von Menschen mit Migrationshintergrund zu einer ehrenamtlichen Betätigung: Welche Erfahrungen und Prägungen beeinflussen die Sicht dieser Bevölkerungsgruppe auf ehrenamtliche Tätigkeiten? Welche Herausforderungen stellen sich für Ehrenamtsorganisationen wie der Feuerwehr? Welche Chancen bietet das Ehrenamt sowohl für die Integration und Teilhabe von Migrant*innen als auch für Ehrenamtsorganisationen wie die Feuerwehr?

Kapitel 3 betrachtet die aktuelle Situation der deutschen Feuerwehr. Die Mitglieder- bzw. Beschäftigtenstruktur von Freiwilliger und Berufsfeuerwehr wird dabei dem aktuellen gesellschaftlichen Profil der Bundesrepublik Deutschland gegenübergestellt. In den Blick genommen werden darüber hinaus auch die Motive, die Menschen in die Feuerwehr führen. Daneben wird ein Versuch unternommen, die »Kultur« der Feuerwehr herauszuarbeiten. Auf der Grundlage der Struktur- und Kulturbeschreibungen in Kapitel 3 werden in Kapitel 4 die interkulturellen Herausforderungen der deutschen Feuerwehr dargestellt. Anhand eines Fallbeispiels wird erläutert, wie sich kulturelle Faktoren im Einsatzgeschehen bemerkbar machen können. Anschließend wird aufgezeigt, welche kulturellen Faktoren auch bei der Mitgliedergewinnung eine Rolle spielen können.

Die Kapitel 5 und 6 verknüpfen die Feuerwehr mit interkulturellen Kernkonzepten. Kapitel 5 führt in die Grundlagen »Interkultureller Öffnung« ein. Dabei werden zunächst die mit dem Konzept verbundenen Vorstellungen und Perspektiven erklärt. Mithilfe eines Typenmodells wird daraufhin analysiert, wie sich die Feuerwehr gegenwärtig zu kultureller Vielfalt positioniert. Daraus abgeleitet werden die für eine weitere interkulturelle Öffnung der Feuerwehr notwendigen Schritte. Eine Darstellung möglicher Öffnungsmaßnahmen in den Bereichen Organisationsentwicklung und Personalentwicklung rundet das Kapitel ab. Kapitel 6 fokussiert auf Interkulturelle Kompetenz als individuelle Voraussetzung für eine interkulturelle Öffnung,

Einleitung

aber auch als Grundlage für erfolgreiches Handeln in Einsätzen, in denen der Faktor Kultur eine Rolle spielt. Nach einer kurzen Darstellung grundlegender Überlegungen wird der Frage nachgegangen, welche Fähigkeiten und Fertigkeiten für Feuerwehrmänner und -frauen in kulturellen Überschneidungssituationen besonders relevant sind. Besonders aufschlussreich sind hier die Ergebnisse einer empirischen Studie, die zu diesem Zweck durchgeführt wurde.

Bei den Kapiteln 7 und 8 geht es schließlich um den Ausbau interkultureller Kompetenzen bei Feuerwehrangehörigen. Auf Grundlage der Kapitel 4, 5 und 6 werden in Kapitel 7 Zielhorizonte für interkulturelle Trainings bei der Feuerwehr formuliert und insgesamt neun Trainingsbausteine zur Förderung interkultureller Fähigkeiten vorgeschlagen. Da das Ingangsetzen von persönlichen Entwicklungsprozessen bei Weiterbildungsteilnehmenden nicht allein von Inhalten und Methoden abhängt, widmet sich Kapitel 8 den strukturellen Voraussetzungen für erfolgreiche Weiterbildungen sowie individuellen Widerständen gegen das interkulturelle Thema. Es beschreibt, wie sich die Rahmenbedingungen für Seminare und Trainings optimieren lassen und mit welchen Strategien und Handlungsschritten einer Skepsis oder Ablehnung von Weiterbildungsteilnehmenden begegnet werden kann.

Kapitel 9 resümiert die in den vorherigen Kapiteln dargestellten Herausforderungen und Perspektiven und wagt einen Ausblick auf die Zukunft der Feuerwehr in einer durch kulturelle Vielfalt gekennzeichneten Gesellschaft.

Dieses Buch wäre ohne die Unterstützung vieler Personen nicht denkbar. Mein Dank gilt an erster Stelle den Co-Autor*innen Rolf Schamberger, Ilka Volkmer, Susanne Hotop, Corinna Mailänder, Maruschka Güldner und Rainer Leenen für ihre Mitwirkung und die angenehme Zusammenarbeit. Ein besonderer Dank geht auch an die Feuerwehr Lemgo und ihren Leiter Klaus Wegener für das Zurverfügungstellen historischer Aufnahmen, die das Kapitel 1 illustrieren. Anne Pin danke ich für ihre tatkräftige Unterstützung bei der empirischen Studie zu feuerwehrspezifischen interkulturellen Kompetenzen, die in Kapitel 6 dargestellt ist. Diese Studie wäre ohne die Mitwirkung der 21 Angehörigen von Freiwilligen Feuerwehren in Hessen, die sich von ihr und von mir befragen ließen, nicht möglich gewesen. Vielen Dank für diese Mitwirkung!

Der Hessischen Landesfeuerwehrschule, dem Landesfeuerwehrverband Hessen sowie dem Hessisches Ministerium des Innern und für Sport danke ich für die vertrauensvolle und außergewöhnliche Kooperation der letzten Jahre, besonders für die Bereitschaft, gemeinsam mit mir Weiterbildungsangebote immer weiter zu optimieren. Meinen Kolleginnen und Kollegen vom Kölner Institut für interkulturelle Kompetenz e. V. gilt mein Dank für die fortlaufende Inspiration bei der Beschäftigung

Einleitung

mit interkulturellen Fragestellungen und ganz konkret für die Tipps und Hinweise bei der Endredaktion des Buches. Besonders gerührt hat mich das spontane Entgegenkommen von 20 Feuerwehrangehörigen, die sich bereit erklärt hatten, das Manuskript dieses Buches durchzusehen und mir Rückmeldung zu geben. Herzlichen Dank euch allen! Euch und all den anderen leidenschaftlichen Feuerwehrmännern und -frauen, die ich in den vergangenen Jahren kennenlernen durfte und die mein Verständnis der Feuerwehr vertieft haben, ist dieses Buch gewidmet.

Alexander Scheitza, April 2020

1 Eine kurze Kulturgeschichte der deutschen Feuerwehr

Rolf Schamberger

1.1 Interkulturelle Wurzeln

Der 1818 in Heidelberg geborene Carl Metz gilt zu Recht als der führende Pionier in der Entwicklung des von Südwestdeutschland ausgehenden freiwilligen Feuerwehrwesens in Deutschland. Der in Mannheim ausgebildete Mechaniker kehrt nach Wanderjahren im französischen Elsass 1840 zurück in seine Heimat und beginnt seine berufliche Laufbahn als Werkführer in der seit 1838 bestehenden Betriebswerkstätte der Badischen Staatsbahn in Heidelberg (vgl. Feuerwehrverband BW (Hrsg.), 2018). Bereits zwei Jahre später gründet Metz in der Stadtmitte Heidelbergs seine eigene Fabrik, in der er bald auch kleinere Löschgeräte produziert. Die Spezialisierung auf Löschgeräte geschieht vermutlich aufgrund des Hamburger Brandes vom 5. bis zum 8. Mai 1842, einer Katastrophe, wie sie sich in deutschen Städten in diesem Umfang seit dem Dreißigjährigen Krieg nicht mehr ereignet hat. Der, ungeachtet einer vorhandenen Löschmannschaft, auswärtiger Hilfe und Sprengversuchen unter Artillerieeinsatz über Tage hinweg nicht eindämmbare Brand führt vor Augen, wie hoch und dringend der Reformbedarf hin zu einer effektiven Methodik der aktiven Brandbekämpfung ist. Heinrich Heine bringt es 1844 rückblickend in seinem Gedicht »Deutschland ein Wintermärchen« auf den Punkt:

»*Baut eure Häuser wieder auf, Und trocknet eure Pfützen, Und schafft euch bessere Gesetze an, Und bessere Feuerspritzen!*«

Der Weg von den städtischen Löschmannschaften, Rettungs- und Löschgesellschaften, oder wie sie sich auch immer nennen, hin zu einer effektiven Feuerwehr, die als Ausbildungs-, Ausrüstungs- und Organisationssystem in der Lage ist, dem überfallartig auftretenden Brand ebenso überfallartig entgegenzutreten, basiert in den deutschen Landen auf einem interkulturellen Transfer. Am 1. Juli 1810 endet der Ball anlässlich der Hochzeit des französischen Kaisers Napoleon Bonaparte mit der österreichischen Prinzessin Marie-Louise mit einem verheerenden Brand, dem über 20 Menschen zum Opfer fallen (manche Quellen sprechen von bis zu 90!). Dies schockiert Bonaparte derart, dass er das Pariser Pompier-Corps straff unter energischer Kommandoführung als vollständig militärische Formation reorganisiert. Carl Metz kopiert später nicht nur die technische Ausrüstung der Franzosen, sondern ebenso die Organisation der Brandbekämpfung. Gemeinsam mit dem Stadtbaumeister Christian Hengst aus Durlach formt er 1846 die älteste Feuerwehr Deutschlands: das Durlacher Pompier-Corps. Der französische Name Pompier-Corps weist augenscheinlich auf den Ideen- bzw. Impulsgeber hin (vgl. Schunck, 1996).

Der heute gebräuchliche Name »Feuerwehr« ist erstmals in der Karlsruher Zeitung No. 318 vom 19. November 1847 nachweisbar. Was ist geschehen? Am 28. Februar 1847 ist im Hoftheater in Karlsruhe ein verheerender Brand ausgebrochen, der die städtischen Löschanstalten völlig überfordert. In überörtlicher Hilfeleistung rückt nur 36 Minuten später das zitierte Pompier-Corps aus dem benachbarten Durlach an und löscht mit seinem eingeübten Personal den Brand fachmännisch (vgl. Strumpf, o. J.). Der grundlegende Unterschied zur Herangehensweise der üblichen städtischen Löschanstalten liegt augenscheinlich im direkten (Lösch-)Angriff des eigentlichen Brandherdes und nicht in der (Lösch-)Verteidigung der umliegenden Gebäude. Diese, aus dem militärischen Sprachgebrauch entnommene Ausdrucksweise, schlägt sich auch in der, an den Begriff »Bürgerwehr« erinnernden, neuen Namensgebung Feuerwehr nieder.

1.2 Revolutionärer Geist

Während sich das Durlacher Pompier-Corps noch nicht aus vorwiegend Freiwilligen rekrutiert, so wird hingegen noch 1847 in Karlsruhe die erste tatsächlich »Freiwillige Feuerwehr« gegründet. Vom südwestdeutschen Raum ausgehend setzt sich in den kommenden Jahrzehnten das auf Vereinsbasis organisierte Freiwillige Feuerwehrwesen nun sukzessive in den anderen deutschen Ländern durch, sofern die dortige Obrigkeit dieses aus Angst vor dem revolutionären Gedankengut, welches vielen frühen Feuerwehren innewohnt, nicht explizit verhindert. Ursache hierfür ist das Engagement vieler (meist temporär verbotener) Turnvereine, die sich in den Befreiungskriegen gegen Napoleon gebildet hatten, in dieser neuen Form des auf örtlicher Ebene organisierten aktiven Brandschutzes (vgl. Internationale Arbeitsgemeinschaft für Feuerwehr- und Brandschutzgeschichte im CTIF (Hrsg.), 2011). Heutzutage würde man von einer basisdemokratischen Bürgerbewegung sprechen. Der Geist dieser frühen Jahre wird in Bild 1 in der Lässigkeit der Selbstdarstellung erkennbar. Das revolutionäre Potenzial der frühen (südwest-)deutschen Feuerwehren ist im Rahmen der durch die preußische Armee vorgenommenen Beschießung von Stützpunkten der republikanischen Truppen in Folge der bürgerlichen Revolution doku-

1 Eine kurze Kulturgeschichte der deutschen Feuerwehr

mentiert, denn es will dort einfach nicht brennen!« Erst nach deren Besetzung löst sich das Rätsel: die überall eingeführten Freiwilligen Feuerwehren haben dem Artilleriebeschuss entgegengewirkt. Beeindruckt lässt sich Kronprinz Wilhelm (später Kaiser Wilhelm I.) vom Fabrikanten Metz informieren [...].« (Strumpf, o. J., S. 18).

Bild 1: *Die Feuerwehr Lemgo 1889 (Quelle: Archiv Freiwillige Feuerwehr/Alte Hansestadt Lemgo)*

Das Misstrauen gegenüber den mit der liberalen bürgerlich-demokratischen Unabhängigkeitserhebung von 1848/49 sympathisierenden Freiwilligen führt letztendlich in der preußischen Residenzstadt Berlin 1851 zur Gründung der ersten bezahlten Berufsfeuerwehr unter Aufsicht des Generalpolizeidirektors Karl Ludwig Friedrich von Hinkeldey (*1805), der in seiner Funktion auch jeglichen demokratisch-revolutionären Kräften entschieden entgegentreten muss. Der 1811 geborene Ludwig Carl Scabell wird zum Königlichen Branddirektor ernannt und als solcher mit der Umsetzung dieser Aufgabe betraut.

Währenddessen nimmt der Heidelberger Fabrikbesitzer Carl Metz häufig die Gelegenheit wahr, im Rahmen von Turnfesten einem überregionalen Publikum seine »High-Tech-Produkte« der Brandbekämpfung vorzuführen. Dabei informiert er auch mit Hilfe von Flugblättern über die zweckmäßige Ausrüstung, die militärische

1.3 Ausbreitung und Vielfalt

Ausbildung an den Geräten und die rechtlich-normative Organisation Freiwilliger Feuerwehren. Dieses Engagement trägt einerseits Carl Metz den berechtigten Beinamen »Vater der deutschen Feuerwehren« ein und fördert andererseits auch den Umsatz seiner Fabrik.

1.3 Ausbreitung und Vielfalt

Mitte des 19. Jh. entspricht die territoriale Gliederung der deutschen Lande noch immer einem Flickenteppich von zum Teil Klein- und Kleinststaaten mit unterschiedlichen Verwaltungsgrundlagen. Selbst innerhalb eines mit knapp 20.000 km² eher kleinen Königreichs wie Württemberg wird es 1853 für Conrad Dietrich Magirus (erster Turnwart im Ulmer Turnerbund, Kommandant der von ihm gegründeten Steigerkompagnie und später Kommandant der FF Ulm, späterer Feuerwehrfabrikant und Fachbuchautor) ein nicht unerheblicher Aufwand sein, die Kommandanten von zehn Feuerwehren zu einem ersten Gedankenaustausch nach Plochingen ins Gasthaus zum Waldhorn einzuladen. Diese Tagesveranstaltung endet u. a. bereits mit einer gemeinsamen Eingabe an gesetzgeberische Staatsorgane und einer Absichtserklärung der Ausdehnung über die Landesgrenzen hinaus (vgl. Schamberger, 2003).

Der Leitartikel der Erstausgabe der ersten deutschen Feuerwehrfachzeitschrift befasst sich mit dem 4. Deutschen Feuerwehrtag im großherzoglich-hessischen Mainz, dem ersten Feuerwehrtag außerhalb des Großherzogtums Baden und des Königreichs Württemberg. Dort treten Unterschiede zwischen den Anwesenden (vertreten sind 45 Feuerwehren) offen zu Tage. Da ist zum einen die Diskrepanz zwischen einem liberal-konstitutionellen Bürgertum und den im radikaldemokratischen Gedankengut der Revolution von 1848/49 verhafteten Pompiers aus den Reihen der Arbeiter. Zum anderen spielen Ängste von Feuerwehrvertretern aus vermögenden Bürgerschichten eine Rolle, die den Fortbestand ihrer Institution einer Freiwilligen Feuerwehr durch wie auch immer – und sei es nur zum Teil besoldete – Pompier-Corps gefährdet sehen.

Die Bildung von Landes- und Kreisverbänden ist bereits 1862 beim 5. Deutschen Feuerwehrtag in Augsburg beschlossen und in der Folge auch zügig umgesetzt worden; anwesend sind bereits Vertreter von 135 Feuerwehren. Die Gründung des wilhelminischen Kaiserreichs mit der Proklamation des preußischen Königs Wilhelm zum deutschen Kaiser am 18. Januar 1871 zieht auch eine Gründungswelle Freiwilliger Feuerwehren nach sich, die jedoch in den einzelnen Ländern unterschiedlich stark ausfällt. Das Engagement der jeweiligen Regierung ist hier sehr ausschlaggebend, was besonders im Königreich Bayern ablesbar ist. Hierzu hebt C. D. Magirus hervor: »Nachdem in Bayern die K. Bezirksämter wiederholt angewiesen worden waren, die Gründung von Feuerwehren zu fördern, entwickelten dieselben eine äußerst wirksame und erfolgreiche Tätigkeit.« (Magirus, 1877, S. 65).

Wie vorsichtig man bei pauschalisierenden Betrachtungen sein muss, zeigt dagegen eine nur wenige Zeilen später festgehaltene Beobachtung: »So lange der Reiz der Neuheit mitwirkte, stand der freiwilligen Feuerwehr alles zur Verfügung. Im Laufe der Jahre aber hat die anfängliche Opferwilligkeit da und dort, besonders in kleinen Orten, so abgenommen, dass man wieder zu Pflichtfeuerwehren greifen musste.«

Auf den Mangel von Einsatzkräften ist auch die Gründung einer der ältesten deutschen Jugendfeuerwehren zurückzuführen, nämlich 1882 in Oevenum auf der Nordseeinsel Föhr. Letztere stellt jedoch keine Organisation der Jugendpflege dar, sondern eine Einsatzabteilung, auf die zurückgegriffen werden muss, wenn die erwachsenen Männer auf See sind (vgl. Ladwig, 1986).

1.4 Die Kaiserzeit: Militarisierung und Corpsgeist

Zu dem mit der Reichsgründung 1871 einsetzenden gesellschaftlichen Wandel konstatiert C. D. Magirus, quasi als prominenter Zeitzeuge aus den Reihen der Feuerwehren, wenig später: »Gegen den Uniformrock mit blanken Knöpfen herrschte damals [d. h. um 1850] eine allgemeine Abneigung [...]. Der Bürgerstand hatte eine ausgesprochene Antipathie gegen alles Militärwesen, er wollte keinen Soldatenrock tragen. In diesen Anschauungen hat sich inzwischen ein solcher Umschwung vollzogen, dass mancher jüngere Leser zu obiger Behauptung vielleicht den Kopf schütteln wird.« (Magirus, 1877, S. 59 ff.)

Empfindet der biedermeierliche Bürger das Militär zurecht als ein Unterdrückungsinstrument einer autoritären Obrigkeit, von deren Kriegen er – mit Ausnahme der wirtschaftlich profitierenden Kriegsgewinnler – ohne persönlichen Nutzen die Lasten zu tragen hat, so wandelt sich der Stellenwert des Militärs innerhalb einer Generation grundlegend. Tobias Engelsing beschreibt diesen Prozess einer sozialen Militarisierung: »Die Hochschätzung militärischer Umgangsformen, die Bedeutung militärischer Ränge (›Reserve-Offizier‹-Titel), der Ehrenkodex der Armee und andere Charakteristika des seit dem Deutsch-Französischen Krieg mit einem beispiellosen Ansehen ausgestatteten Militärs prägten das Bewusstsein auch der bürgerlichen Schichten.« (Engelsing, 1999, S. 60).

So erstaunt es nicht, dass sich die Feuerwehren nach dem derzeitigen Kenntnisstand der allgemeinen Militarisierung der Gesellschaft nicht entziehen, sondern,

1.4 Die Kaiserzeit: Militarisierung und Corpsgeist

dem Zeitgeist entsprechend, dieser Strömung öffnen. Dementsprechend tritt vielerorts sukzessive ein Corpsgeist in den Vordergrund, der die demokratischen Wurzeln eher in den Hintergrund treten lässt. Auch in der Selbstinszenierung der Feuerwehr tritt das deutlich zu Tage (siehe Bild 2).

Bild 2: *Die Feuerwehr Lemgo 1925 (Quelle: Archiv Freiwillige Feuerwehr/Alte Hansestadt Lemgo)*

Hatte man Christian Hengst in Durlach noch 1846 bei seinen Übungen mit spöttischem Unterton »Soldatenspielerei« zum Vorwurf gemacht, so wird jetzt das im Rahmen der Ausbildung und im Einsatz praktizierte militärische Vorgehen von der taktisch notwendigen Struktur in gewisser Weise zu einer gelebten Wesensart. Bei den Berufsfeuerwehren wird im Zuge der Professionalisierung der Ausbildung von Offizieren der Rang eines Reserveoffiziers beim Militär, bevorzugt der eines automatisch mit einem Ingenieurstudium verbundenen Pionieroffiziers, zur Einstellungsvoraussetzung. Lassen wir in Bezug zur Freiwilligen Feuerwehr wieder C. D. Magirus zu Wort kommen: »Die Grundlage der freiwilligen Feuerwehr ist Vorsicht in der Aufnahme der Mitglieder. Zweifellose Ehrenhaftigkeit muss Grundbedingung der Aufnahme sein und jede unehrenhafte Handlung muss den Ausschluss zur Folge haben. [...] Die freiwillige Feuerwehr hat die Aufgabe, die besten Kräfte der Einwohner des Ortes in sich zu vereinigen und dies ist nur erreichbar, wenn sich das Corps durch die angedeuteten Grundsätze die Achtung der Behörden und der Bevölkerung sichert. Uniformierung und militärische Organisation ist unerlässlich.« (Magirus, 1877, S.239).

Unter diese Kriterien fällt auch eine gesellschaftliche Minderheit, nämlich die jüdischen Bürger des wilhelminischen Kaiserreichs. In keinem anderen Staat Europas genießen sie eine so weitreichende bürgerliche Emanzipation und engagieren sich je nach individueller Möglichkeit für den deutschen Staat. Erstaunlich häufig finden sich bereits unter den Gründungsmitgliedern Freiwilliger Feuerwehren ortsansässige jüdische Mitbürger (vgl. Schamberger, 2013). Über Jahrzehnte engagieren sie sich einerseits in der Weiterentwicklung ihrer Wehr und andererseits im aktiven Einsatz zum Wohle des Nächsten (vgl. Wegener et al., 2013).

Das neue Jahrhundert beginnt am 16. August 1900 mit der Gründung des »Großer Internationaler Feuerwehrrat«, der Vorgängerinstitution des heutigen CTIF (Comité Technique International de prévention et d'extinction du Feu). »Wesentlicher Leitgedanke war damals, Kongresse und Symposien in regelmäßigen Abständen zu organisieren, um den Brandschutz länderübergreifend zu fördern. Gründungsmitglieder waren auch der Deutsche Feuerwehrverband und der Österreichische Feuerwehrreichsverband [...].« (https://de.wikipedia.org/wiki/CTIF, abgerufen am 21.08.2019).

Schwierigkeiten in der Mitgliedergewinnung und beim Verbleib in der Feuerwehr sind keine Phänomene der Gegenwart. Schon beim 18. Deutschen Feuerwehrtag 1913 in Leipzig lamentiert ein Brandmeister Hämel aus Bogutschütz (Schlesien): »Der heutigen Jugend fehlt der Ernst. Tanzen, Kneipen und allerlei Sport findet mehr Anklang und wird betrieben.« (Hämel, 1913, S.239ff). Auf Basis einer repräsentativen Erhebung stellt er fest, »daß der Bürgerstand immer mehr aus den aktiven Reihen der Wehr scheidet. Unter den älteren Kameraden findet man wohl noch biedere Handwerksmeister, Kaufleute, Beamte, ja zuweilen noch Akademiker, aber unter der jüngeren Generation fehlen diese Gesellschaftsklassen fast ganz.« Hämel thematisiert diverse Ursachen, so z. B. den auch heute gelegentlich vernehmbaren Vorwurf einer herablassenden Behandlung der Freiwilligen Feuerwehren seitens der Berufsfeuerwehren als »Feuerwehrleute 2. Klasse, Liebhaberfeuerwehren oder Laienfeuerwehren«.

Die in den Jahrzehnten vor dem 1. Weltkrieg entstehende und stark wachsende Arbeiterbewegung stellt eine bis dato fremde respektive be-fremd-liche Strömung

1.5 In der Weimarer Republik

dar. Mit ihrer Integration tut sich die Feuerwehr eher schwer. Hämel konstatiert: »Nun kommt noch in letzter Zeit als Neuerscheinung hinzu, daß auch in manchen Orten der Arbeiterstand versagt, da die Sozialdemokratie gegen die freiw. Feuerwehr arbeitet, weil sie auf patriotischem Standpunkt steht.« Ein Redner namens Pritzsche relativiert allerdings: »Ich bin überhaupt mit den Sozialdemokraten fast immer gut fertig geworden. Die Leute blieben stets sachlich und hatten meist ganz vernünftige Einwendungen zu machen. [...]« (S.89)

Der wilhelminische Militarismus führt letztendlich zu einem traurigen Tiefpunkt in der Entwicklung der Feuerwehren, nämlich dem begeisterten Engagement unzähliger Feuerwehrangehöriger beim Flammenwerfer-Regiment unter Führung des Leipziger Branddirektors Dr. Bernhard Reddemann. Reddemann hat als Co-Erfinder dieser schrecklichen Nahkampfwaffe, bei der er, verkürzt dargestellt, bei Gasdruckspritzen das Löschmittel »Wasser« schlichtweg gegen »Flammenöl«, d. h. ein auf der Feuerwache in Posen eigens entwickeltes Benzin-Öl-Gemisch ausgetauscht hat, auf die Technik von Löschgeräten zurückgegriffen (vgl. Schamberger & Schrammen, 2010). Nach den ersten Erfahrungen mit dieser schrecklichen Waffe beauftragen auch andere europäische Kriegsteilnehmer in erster Linie ihre Brandbekämpfer mit der Entwicklung einer solchen Waffe, so z. B. die französische Armeeführung die Pariser Berufsfeuerwehr (vgl. Wictor, 2010).

1.5 In der Weimarer Republik: Auf der Suche nach einer Rolle im neuen System

So manche Freiwillige Feuerwehr steht mit dem Ende des 1. Weltkriegs vor existenziellen Problemen. Viele Kameraden sind gefallen, andere verstümmelt und traumatisiert zurückgekehrt, ganze Jahrgänge junger Männer sind ausgedünnt. Viele Arbeiter, Handwerker oder der kaufmännische Mittelstand haben unter der wirtschaftlichen Not in einem Umfang zu leiden, der neben dem alltäglichen Überlebenskampf ein ehrenamtliches Engagement häufig ausschließt.

Die Mehrzahl der Feuerwehren stehen, ebenso wie die übrigen Reichsbürger, der neuen, ungewohnten und damit fremden Regierungsform mit einer inneren Unsicherheit gegenüber, jedoch nicht nur das. Tobias Engelsing hat es in seiner Abhandlung über die Sozialgeschichte der Freiwilligen Feuerwehr von 1830 bis 1950 für den Raum Baden treffend auf den Punkt gebracht: »Der Personalmangel der Freiwilligen Feuerwehren besserte sich mit dem Versailler Friedensvertrags vom Juni 1919 [...]. Als Folge dieser Vertragsbestimmungen gewannen [...] solche Organisationen neuen Zulauf, die militärische Strukturen aufwiesen und als Ersatz für das verlorene Militär gelten konnten [...]. Die Schrecken des Krieges verblaßten, was blieb waren die ›Heldentaten‹, derer sich auch Feuerwehrleute wieder rühmen durften. Da konnten die Taten der Kriegsteilnehmer der Jahre 1914/18 endlich zum erzieherischen Vorbild der Jugend des Jahres 1923 werden« (Engelsing, 1999, S. 114 f.)

Bei den Berufsfeuerwehren müssen sich die verunsicherten Offiziere erst an ihr neues Berufsbild als Oberbeamte einer Technischen Kommunalbehörde gewöhnen. Manche haben sogar in den Wirren der Novemberrevolution mit den Beauftragten der verhassten Arbeiter- und Soldatenräte verhandeln müssen. Auf dem 15. Verbandstag des V. D. B. (Verein Deutscher Berufsfeuerwehroffiziere) beschließt man u. a. die Umbenennung in RDF (Reichsverein Deutscher Feuerwehringenieure), was nicht nur dem neuen Berufsbild Rechnung trägt, sondern auch der Abgrenzung von den verhassten Gewerkschaften dient, die ihre Standesvertretung ebenfalls V. D. B. getauft haben und zwar als Abkürzung von »Verein Deutscher Berufsfeuerwehrmänner«. Auf internationaler Ebene gibt es Tendenzen, sich aus verletzter Eitelkeit aus der Arbeit des Internationalen Feuerwehrrats komplett zurückzuziehen.

Die Motoren- und Fahrzeugtechnik hat, nicht zuletzt in Folge des 1. Weltkriegs, eine enorme Fortentwicklung erfahren, die sich in der Konstruktion von motorisierten Feuerwehrgeräten und Fahrzeugen niederschlägt. Mit Ausnahme sehr wohlhabender Gemeinden müssen sich jedoch die meisten Freiwilligen Feuerwehren auf dem Land noch lange mit Handdruckspritzen begnügen. Mitunter gibt es im Kreis nur eine einzige Automobilspritze, die dann in Überlandhilfe überörtlich eingesetzt wird.

Die wirtschaftliche Not und die politischen Wirren werden vielfach als Schwäche der neuen Regierungsform empfunden und nicht als Folge des verlorenen Krieges, der Reparationszahlungen und des daraus entstandenen gesellschaftlichen Vakuums. In weiten Kreisen – so auch in den Feuerwehren – sehnt man sich nach Sicherheit und Stabilität, nach der Mär »von der guten alten Zeit«, die es so nie gegeben hat. Ein »Charakterzug« der Feuerwehr, der gelegentlich bis in die Gegenwart widerhallt.

1.6 Im Nationalsozialismus: Vom bürgerschaftlichen Selbsthilfeverein zur gleichgeschalteten technischen Hilfstruppe der Ordnungspolizei

Vor der Machtergreifung des verbrecherischen NS-Regimes repräsentiert der DFV reichsweit zwei Mio. Angehörige von Feuerwehren, darunter schätzungsweise 15.000 – 25.000 jüdische Mitbürger. Dann brennt der Reichstag, brennen Bücher

1.6 Im Nationalsozialismus

und später Synagogen. Den Feuerwehren bringt das sogenannte »Dritte Reich« unter der NS-Diktatur vordergründig manchen technologischen Fortschritt, im weiteren Verlauf jedoch einen tiefen moralischen Fall. Als in den Tagen vom 7. bis 10. November von den Schergen des NS-Regimes die Synagogen angezündet werden, verweigern die deutschen Feuerwehren erstmals in ihrer damals zwischen 50 und 90 Jahren während Tradition einer gesamten Bevölkerungsgruppe gegenüber das selbst gegebene Gebot der Nächstenhilfe in der Not. Manche beteiligen sich sogar aktiv an der verbrecherischen Brandstiftung (vgl. Engelsing, 1998).

Die Schlagkraft der Feuerwehren wird durch eine technologische Aufrüstung und strukturelle Zentralisierung erhöht. Dies geschieht seitens des NS-Regimes jedoch nicht aus Nächstenliebe, sondern in bewusster Vorbereitung eines von Anfang an geplanten, verbrecherischen Angriffskrieges, mit dem das Deutsche Reich ab 1939 die europäischen Nachbarländer überfallen wird. Die Einrichtung des zivilen Luftschutzes ist zwar bereits 1926, d. h. in der Weimarer Republik, in Angriff genommen worden. Die grundlegende und umfassende Umstrukturierung des öffentlichen Feuerlöschwesens unter den Gesichtspunkten des Letzteren ist jedoch mit eiskaltem Kalkül als unmittelbar kriegsvorbereitende Maßnahme erst unter den Machthabern des NS-Regimes und dessen willfährigen Gehilfen forciert und umgesetzt worden (vgl. Linhardt, 2002). In diesem Zusammenhang erhält manche Feuerwehr in Form einer Tragkraftspritze ihr lang ersehntes erstes motorisiertes Gerät. Dies bringt den neuen Machthabern seitens der Wehren viel Sympathie ein, erkennen doch die wenigsten die verwerfliche Intention hinter dieser Maßnahme.

Die sukzessive Gleichschaltung der Feuerwehren als eine paramilitärisch strukturierte technische Hilfstruppe der Ordnungspolizei bis hin zum ersten reichsweit einheitlichen Feuerlöschgesetz in 1938 wird tragischerweise vielfach als Aufwertung bzw. als längst überfällige staatliche Anerkennung empfunden und nicht als eine Beschneidung der demokratischen Selbstorganisation, die sukzessive alle Ebenen von der kleinen Dorffeuerwehr bis hin zum 1936 aufgelösten Deutschen Feuerwehrverband umfassen wird (vgl. Engelsing, 1999; Leupold & Schamberger, 2015; VFDB, 2012; Keine, 2018; Internationale Arbeitsgemeinschaft für Feuerwehr- und Brandschutzgeschichte im CTIF, 2004). Nahezu alle erhaltenen Quellen belegen eine meist freudige Begrüßung der »nationalen Erhebung«. Auf Landesebene sei hier exemplarisch aus dem Glückwunschtelegramm des badischen Feuerwehrverbandspräsidenten an Gauleiter Robert Wagner zitiert, dass er, der Gauleiter, »in wenigen Wochen der gesamten Bevölkerung die nicht mehr zu erschütternde Überzeugung einzubringen vermochte, daß hier der geborene Staatslenker am richtigen Platz steht.« (vgl. Engelsing, 1999).

1   Eine kurze Kulturgeschichte der deutschen Feuerwehr

Natürlich wissen wir nicht, was hierüber die einzelnen Feuerwehrmänner gedacht haben. Diesbezüglich hat sicherlich die Bandbreite persönlicher Einstellungen deutlich variiert. Festzustellen bleibt jedoch, dass sich eine Vielzahl an Feuerwehren ohne erkennbaren Widerstand in politisch motivierte Kundgebungen einbinden ließ, ebenso wie in die propagandistischen Verbrennungsaktionen von missliebigen Büchern oder in das Niederbrennen der deutschen Synagogen, sei es mittel- oder unmittelbar als mehr oder weniger aktiv Beteiligte. Den jüdischen Feuerwehrangehörigen steht ein schmerzensreicher Leidensweg bevor, der von der Ausgrenzung (nicht nur aus ihren jeweiligen Wehren), über organisierte Demütigungen, die systematische Entrechtung, Enteignung bis hin zur persönlichen industriell organisierten Ermordung führen wird. Exemplarisch sei hier nur auf die minutiös aufgearbeiteten tragischen Schicksale der jüdischen Feuerwehrkameraden Ernst Frenkel aus Lemgo und Jakob Sichel aus Würzburg hingewiesen (Wegener et al., 2013). Auch nichtjüdische Mitglieder wurden nun mancherorts aus den Reihen der Wehr entfernt. »Führer der Feuerwehr und einfache Mitglieder, die Mitglieder ›regierungsfeindlicher‹ Parteien seien, müßten die Wehr verlassen, denn sie genössen in der Ausübung der öffentlichen Aufgabe nicht mehr das Vertrauen der Polizeibehörden. Bleiben könne [...], wer beispielweise der SPD angehört, sich aber parteipolitisch nicht betätigt habe und weiterhin das Vertrauen seiner Mannschaftskollegen genieße.« (Engelsing, 1999, S.125).

Unbestritten bleibt die ebenso immense wie opferbereite Hilfeleistung der Freiwilligen wie der Berufsfeuerwehren bis hin zum verzweifelt-aussichtslosen Versuch der Bekämpfung von Feuerstürmen nach den alliierten Flächenbombardements deutscher Städte. Auch hier neigen die deutschen Feuerwehren ebenso wie die breite Öffentlichkeit dazu, die Schuld eher beim alliierten Bombercommand zu suchen als bei einem Regime, das sich geweigert hat, einen spätestens mit der Niederlage von Stalingrad am 02.02.1943 aussichtslos verlorenen Krieg zu beenden und stattdessen seine eigene Bevölkerung (und darunter eben auch die Feuerwehrmänner an der Heimatfront) zunehmend schutzlos den Vernichtungswellen der Bombenangriffe ausgeliefert hat. Dazu gehören fatalerweise auch Jungen und Mädchen. Leben und Gesundheit der Jungen werden in sogenannten Feuerwehrscharen im HJ-Streifendienst geopfert, während die Mädchen in neu gebildeten Frauenabteilungen ihren gefährlichen Einsatz versehen.

1.7 Neuanfang nach dem 2. Weltkrieg: Zwischen Kontinuität und Verdrängung

Der Neuanfang der deutschen Feuerwehren erfolgt in vier verschiedenen, vom Alliierten Kontrollrat der Siegermächte verwalteten, Besatzungszonen. Österreich wird wieder in seine staatliche Eigenständigkeit entlassen und die nach der Konferenz von Jalta abzutretenden deutschen Ostgebiete sind nach dem Krieg anderen Staaten zugeschlagen worden. Deshalb kann auch der für 1937 in Danzig anberaumte 22. Deutsche Feuerwehrtag nach dem Krieg nicht an diesem Ort nachgeholt werden. Es soll noch bis 1953 dauern, bis sich die Feuerwehren der jungen Bundesrepublik wieder zu einem Deutschen Feuerwehrtag in Ulm treffen können.

Die Feuerwehren in der sowjetischen Besatzungszone, ab 1949 Staatsgebiet der DDR, übernehmen unter veränderten politischen Vorzeichen für ihre Feuerwehren weitgehend die zentralistischen Verwaltungsstrukturen, die unter dem NS-Regime geschaffen worden sind.

Auch in den westlichen drei Besatzungszonen etablieren sich die deutschen Feuerwehren vorerst nach den jeweiligen Vorgaben ihrer Besatzungsmächte. Besonders die Franzosen taten sich mit der Zulassung freiwilliger, selbstverwalteter Feuerwehren anfangs schwer, hatten sich doch in Frankreich während des 2. Weltkrieges Teile der französischen Resistance gar aus den Feuerwehren rekrutiert bzw. immer wieder Zuflucht bei den Feuerwehren gefunden. Nun hat man Angst, dass sich Teile der 1944 von der SS gebildeten NS-Untergrundorganisation »Werwolf« bei den deutschen Feuerwehren verstecken und von dort aus aktiv werden könnten (vgl. Schamberger, 2003).

Die pastellfarbige Verdrängungskultur des »motorisierten Biedermeier«, so die treffende Charakterisierung der bundesdeutschen Wirtschaftswunderjahre der Adenauer-Ära, wird nur allzu gerne auch von den Feuerwehren gepflegt (vgl. Homann, 1999). Man tut sich schwer, sich selbst den ganz persönlichen Anteil am Verlauf der Geschichte der NS-Zeit zu vergegenwärtigen und auch nach außen hin anzuerkennen. Tobias Engelsing, aktiver Feuerwehrkamerad und promovierter Historiker, skizziert wie bis in die 1990er Jahre hinein vor allem ältere Funktionäre an einer Aufarbeitung der Vergangenheit Anstoß nehmen und eine kritische Auseinandersetzung mit militärischen Traditionen verweigern (Engelsing, 1999).

1961 tritt Albert Bürger auf dem 23. Deutschen Feuerwehrtag in Bonn-Bad Godesberg erstmals – in Abstimmung mit dem Bundespräsidialamt – in der Uniform eines Zweisternegenerals der damals erst vier Jahre jungen Bundeswehr auf, nur aus preußisch-feuerwehrblauem Tuch geschneidert. »Hintergrund war das Bemühen,

1 Eine kurze Kulturgeschichte der deutschen Feuerwehr

die Stellung der deutschen Feuerwehren auf diplomatischen Empfängen und entsprechend internationalen Anlässen adäquat zu repräsentieren und ihren Vertretern einen ihrer politischen Gewichtung nach außen hin sichtbaren Ausdruck zu verleihen.« (vgl. Schamberger, 2003, S.154).

Wem drängt sich hier nicht ein historischer Vergleich zum organisatorischen Unterschied zwischen dem einst unter Napoleon militärisch organisierten Pariser Pompier-Corps und den frühen deutschen Feuerwehren in Baden und Württemberg auf? Dementsprechend irritiert – und auch nicht zuletzt vor dem Hintergrund des sich im darauffolgenden Jahr in der sogenannten »Kuba-Krise« bedrohlich eskalierenden »Kalten Krieges« zwischen den Machtblöcken – haben auch viele Vertreter der föderalistisch organisierten bundesrepublikanischen Feuerwehren auf das neue »militärische Outfit« von Albert Bürger reagiert. Darüber hinaus sind sicherlich bei vielen Kameraden manch' dunkle Erinnerung an die paramilitärisch-einheitliche Uniformierung der deutschen Feuerwehren unter dem NS-Regime geweckt worden, das damals gerade einmal 16 Jahre zurücklag. Bild 3 zeigt ein typisches Foto einer Feuerwehr aus dieser Epoche.

Bild 3: *Die Feuerwehr Lemgo 1970 (Quelle: Archiv Freiwillige Feuerwehr/Alte Hansestadt Lemgo)*

1.8 Modernisierung: Wiederaufleben internationaler Kontakte und erste Frauen bei der Feuerwehr

Umso bedeutsamer erscheinen in diesem Zusammenhang auch die unter dem Dach des Weltfeuerwehrverbandes CTIF unter maßgeblichem Engagement von Albert Bürger forcierten internationalen Feuerwehrwettkämpfe. Diese bekommen beim erwähnten Feuerwehrtag in Bonn-Bad Godesberg einen hohen Stellenwert, führen sie doch auch die lokalen Feuerwehren in Deutschland aus der Isolation, beleben eine Auseinandersetzung mit internationalen Standards und stärken den völkerverbindenden Faktor des Feuerwehrwesens.

Der liberalen Ausbruchstimmung der späten 1960er und frühen 1970er Jahre öffnet sich die Feuerwehr nur langsam. Auf dem 24. Deutschen Feuerwehrtag in Münster 1970 muss sich Bundesjugendleiter Kurt Hog noch gegenüber konservativen Strömungen für eine längst überfällige moderne Jugendarbeit rechtfertigen (vgl. Hog, 1972). Anfang der 1970er Jahre werden die Feuerwehren der BRD noch vor eine weitere neue Herausforderungen gestellt, denn infolge der Überarbeitung der Brandschutzhilfeleistungsgesetze der einzelnen Ländern sprechen letztere jetzt nicht mehr ausschließlich von »Feuerwehrmännern«, sondern von »Feuerwehrangehörigen«, womit den Frauen juristisch der Weg für eine Mitarbeit im aktiven Brandschutz nicht mehr verwehrt werden kann (vgl. Schamberger, 2004). Fortan fanden die ersten Frauen, d. h. Mädchen, ihren Weg in die Jugendabteilungen. Heute ist es kaum mehr vorstellbar, dass sogar manchen von ihnen bei besonders strukturkonservativen Wehren auch später noch der Übergang in die Einsatzabteilungen verwehrt werden sollte. In den Feuerwehren der DDR waren die Kameradinnen schon längst eine Selbstverständlichkeit. Wer den Titel »Vorbildliche Freiwillige Feuerwehr« führen wollte, musste einen Frauenanteil von mindestens 25 % nachweisen.

Mit dem Fall der Mauer am 09.11.1989 bilden sich rasch Partnerschaften zwischen Feuerwehren aus BRD und DDR. Vom 14. bis 18. Juni können sie sich auf dem 26. Deutschen Feuerwehrtag in Friedrichshafen noch unter den Flaggen ihrer beiden deutschen Teilstaaten erstmals seit 40 Jahren wieder in Frieden und Freiheit treffen. Noch dreieinhalb Monate vor der offiziellen staatlichen Wiedervereinigung haben sie sich unter dem Dach ihres Spitzenverbandes zusammengeschlossen. Die Bildung von Landesfeuerwehrverbänden in den damals »Neuen Bundesländern« schließt sich nahtlos an.

Nach 45 Jahren kann das große Kapitel der deutschen Nachkriegsgeschichte geschlossen und zugleich ein neues Kapitel aufgeschlagen werden. Tobias Engelsing fordert hierzu 1999: »Die Sozialgeschichte der ostdeutschen Freiwilligen Feuer-

1 Eine kurze Kulturgeschichte der deutschen Feuerwehr

wehren seit 1945 ist noch zu schreiben. Noch leben die einstigen Wehrführer und Mannschaften, die Opfer der Bespitzler, die kalten Krieger der oberen Chargen und DDR-Bürger, die an ihren Bauern- und Arbeiterstaat glaubten und in der Feuerwehr mit den Folgen der Mangel- und Mißwirtschaft zu kämpfen hatten. Sie alle zu befragen und die Quellen zu sichern ist eine wichtige Aufgabe. Sie sollte, würde sich ihr jemand auf Orts- oder überregionaler Ebene stellen, von Seiten der Feuerwehrverbände gefördert werden.« (Engelsing, 1999, S.234).

Bild 4: *Die Feuerwehr Lemgo heute (Quelle: Archiv Freiwillige Feuerwehr/Alte Hansestadt Lemgo)*

Bild 4 zeigt, wie sich die Feuerwehr heute oft in Szene setzt: Uniformen weisen auf das militärische Erbe hin und betonen die gemeinsame Identität. Der Verzicht auf Helme oder Mützen lässt jedoch die Einzelperson als Teil der Gruppe erkennen. Frauen und Jugendliche sind Teil der Feuerwehr – sie ist kein reiner »Männerverein«

1.8 Modernisierung

mehr. Stolz wird die moderne Technik präsentiert. Personen, die bequem auf den Fahrzeugdächern oder der Drehleiter sitzen oder stehen, wecken Erinnerungen an die Gründungszeit des deutschen Feuerwehrwesens und setzen einen Kontrapunkt zur Uniformität.

2 Das Ehrenamt in Deutschland: Geschichte und Trends vor dem Hintergrund einer kulturell vielfältigen Gesellschaft

Ilka Volkmer, Susanne Hotop & Alexander Scheitza

Gesellschaftliche Stabilität geprägt durch ein zufriedenstellendes Auskommen und ein gesichertes Zusammenleben in Frieden und Freiheit zeichnet die Lebensqualität in Deutschland aus. Für das Zustandekommen dieser Lebensqualität sind viele unterschiedliche Akteur*innen verantwortlich. Einen nicht unbeträchtlichen Anteil daran haben zivilgesellschaftliche Akteur*innen, die sich freiwillig helfend in Ehrenämtern und im bürgerschaftlichen Engagement, organisiert in Vereinen, Organisationen, Verbänden und Institutionen oder auch ungebunden für das Gemeinwohl einsetzen.

Bevor wir in diesem Kapitel auf die aktuelle Situation des Ehrenamts in Deutschland eingehen, blicken wir zurück auf die Entstehungsgeschichte zivilgesellschaftlichen Engagements und differenzieren verschiedene Formen freiwilliger und unbezahlter Tätigkeiten. Ein Blick über die nationalen Grenzen zeigt anschließend, dass sowohl die Häufigkeit als auch die Form ehrenamtlichen Engagements durch politische und gesellschaftliche Strukturen beeinflusst wird. Abschließend betrachten wir das freiwillige bzw. ehrenamtliche Engagement von Migrant*innen in Deutschland und zeigen auf, welche Perspektiven sich durch eine verstärkte Integration von Zugewanderten für das Ehrenamt ergeben.

2.1 Entstehung von Ehrenamt und bürgerschaftlichem Engagement

In der Literatur gibt es verschiedene Ausführungen zu den Ursprüngen des Ehrenamts, von denen manche bis in die Antike zurückreichen. Kulturgeschichtlich ist es im Norden Europas vor mehr als tausend Jahren für das Überleben wichtig gewesen, sich auf die umgebende Gemeinschaft auszurichten. Die Abhängigkeit des Einzelnen von einer Gemeinschaft und die darin angelegten Hilfeerwartungen beschreiben die grundlegende Bedarfssituation für gegenseitige Hilfeleistung, die dem Menschen zu eigen ist und altruistische Verhaltensweisen prägt.

Unentgeltliches Handeln zum Wohle anderer oder einer Gemeinschaft hatte meist religiöse, politische oder soziale Gründe. Im Mittelalter wurden Ämter von

2.1 Entstehung von Ehrenamt und bürgerschaftlichem Engagement

adligen Männern in Ehre ausgeführt. Im Gegenzug waren damit Privilegien, Ansehen und Macht verbunden. Frauen hingegen widmeten sich in den Orden dringlicher sozialer und karitativer Aufgaben. Die Ehrenämter in männlichen Einsatzbereichen erfuhren erst zum Ende des 19. Jahrhunderts eine Öffnung für Frauen. Vornehmlich das Ressort der Frauen waren Hilfeleistung mit dem Motiv der »Nächstenliebe zur Ehre Gottes« für Vernachlässigte, Arme, Kranke und in Not geratene Menschen (vlg. Notz, 2012).

Das Entstehen der privatisierten, bürgerlichen Gesellschaft hatte die institutionelle Entwicklung von bürgerschaftlichem Engagement in Ämtern, Vereinen, Wohlfahrtsverbänden, Stiftungen und Hilfsorganisationen zur Folge (vgl. Sachße, 2011). Die Verlagerung der auf Eigenproduktion ausgelegten Wirtschaft hin zur Arbeitsteilung verstärkt den horizontalen Austausch von Gütern. Vorrangige Prinzipien der neuen Lebenswelt sind Eigentum, Markt und Kapital. Im Gegensatz zur zentralisierten Staatsgewalt bietet die ökonomische Entwicklung mit ihren Erfordernissen nach Mobilität und Flexibilität dem Menschen neue und intensive Begegnungsfelder mit Raum für die Bildung von »künstlichen« Vergemeinschaftungsformen, wie es etwa Vereine sind. »An die Stelle überkommener korporativer Bindungen tritt der Individualismus als maßgebendes Prinzip sozialer Beziehungen.« (Klein 2011, S. 31)

In der deutschen Geschichte ist vom Begriff Ehrenamt erst ab dem Beginn des 19. Jahrhunderts die Rede. Der Begriff taucht erstmals im Jahr 1856 im Gesetz der Landesgemeindeordnung für Westfalen auf (vgl. Winkler, 2011). Mit Beginn der Aufklärung entwickelt sich schrittweise eine Bürgerschaft, die den Rückzug des Staates aus der Rolle des Gestalters des gesellschaftlichen Lebens kompensiert. Wichtige Institutionen und Organisationen dafür entwickelten sich im Bereich der kommunalen Selbstverwaltung und in Form von bürgerlichen Vereinen (vgl. Sachße 2011).

Die kommunale Selbstverwaltung lässt sich auf die Preußische Städteordnung vom November 1808 zurückführen. Laut § 191 derselbigen wurden die Bürger zur Übernahme öffentlicher Stadtämter ohne Anspruch auf Entlohnung verpflichtet. Das aufstrebende städtische Bürgertum wurde auf lokaler Ebene in Verwaltungsaufgaben eingebunden und an dieser Stelle in den an sich absolutistisch geführten Staat integriert. Die Ausübung eines »Amtes« i. S. öffentlicher Gewalt führte in die Selbstverwaltung der örtlichen Angelegenheiten.

Voraussetzung für die Geburt des Ehrenamtes war die Lokalgemeinschaft. Nach dem administrativen Ehrenamt entwickelte sich das soziale Ehrenamt auf Basis des »Elberfelder Systems« von 1853 nach der Preußischen Städteordnung. Darin wurde die öffentliche Armenpflege als ehrenamtliche Aufgabe der Bürger festgelegt (Bild 5 zeigt eine zeitgenössische Darstellung dieser Aufgabe). Die Männer, die sich hier des

Amtes betätigten, kamen aus dem lokalen Umfeld und waren mit den Gegebenheiten vor Ort vertraut. Seit den 1890er Jahren entwickelte sich auf dieser Basis in deutschen Großstädten fortan die kommunale Sozialpolitik. Die kommunale Selbstverwaltung durch Ehrenämter und auch die Armenpflege wurde durch die professionalisierte und bürokratisierte Kommunalverwaltung sukzessive seit dem Ersten Weltkrieg ersetzt.

Bild 5: *Samuel Albrecht Anker, Die Armensuppe, https://de.wikipedia.org/wiki/Datei:Albert_Anker_-_Die_Armensuppe.jpg#filelinks,* **letzter Zugriff: 03.07.2020.**

Die bürgerliche Vereinskultur als ein Resultat der Urbanisierung der Gesellschaft prägt hingegen bis in die heutige Zeit das Engagementgeschehen. Zwischen der Revolution 1848 und der Reichsgründung 1871 entwickelten sich Vereine in fast allen Lebensbereichen. Die bürgerliche Öffentlichkeit organisierte sich ab der Mitte des 19. Jahrhunderts insbesondere in den Bereichen Kultur, Sport und Soziales und füllte den freiwerdenden gesellschaftlichen Raum aus, den der Staat hinterließ. So wurde mit zunehmender funktionaler Differenzierung der gesellschaftlichen Zusammenkünfte wie Aktiengesellschaften, Genossenschaften und Parteien auch der Idealtypus des Vereins im Bürgerlichen Gesetzbuch von 1900 beschrieben.

2.2 Begriffsverwendungen für den Bereich Ehrenamt und Engagement

Die Begrifflichkeiten rund um das Ehrenamt sind in der Literatur vielfältig. Es gibt verschiedene Aktivitäten und Formen des Engagements, unabhängig davon, ob sie in formalen Organisationen oder in informellen Bezügen stattfinden. Betrachtet man die Merkmale zur Ausübung genauer, grenzen sich die Begriffe freiwilliges Engagement, bürgerschaftliches Engagement und Ehrenamt deutlich voneinander ab.

Freiwilliges Engagement
»Freiwilliges Engagement« umfasst sämtliche Tätigkeiten, die unentgeltlich verrichtet werden und denen eigene Interessen zugrunde liegen. Die Felder des Engagements können sehr unterschiedlich sein. Die Aktivitäten können – z. B. in den Feldern Kultur und Freizeit – in erster Linie dem eigenen Vergnügen dienen, sie können aber auch auf das Gemeinwesen ausgerichtet sein. Mit der Gemeinwesenorientierung gehen die freiwilligen Tätigkeiten fließend in das bürgerschaftliche Engagement über.

Bürgerschaftliches Engagement
Unter »bürgerschaftlichem Engagement« werden Aktivitäten verstanden, bei denen das Gemeinwohl im Vordergrund steht. Diese haben eine gesellschafts- oder sozialpolitische Dimension, der die Vorstellung einer aktiven Bürgergesellschaft zugrunde liegt, die aus eigenem Antrieb Gesellschaft, Staat und Politik mitgestaltet. Typische Tätigkeitsbereiche sind Politik, Gewerkschaften, Interessenvertretungen und soziale Bewegungen (z. B. Bürgerinitiativen). Aber auch die freiwillige unbezahlte Mitarbeit in karitativen oder gemeinwohlorientierten Einrichtungen wie Krankenhäusern, Altenheimen, Bildungseinrichtungen oder Museen ebenso wie Nachbarschaftshilfe oder Selbsthilfe lassen sich unter bürgerschaftlichem Engagement fassen. Umfang und Dauer spielen keine Rolle. Die Tätigkeit kann sowohl dauerhaft und kontinuierlich als auch auch kurzfristig und spontan ausgeführt werden (vgl. Huth, 2011).

Ehrenamtliches Engagement
Im Sprachgebrauch ist weiterhin der Begriff Ehrenamt am geläufigsten. Er hat in Deutschland eine historisch gewachsene, lange Tradition und genießt ein hohes Ansehen. In Abgrenzung von »bürgerschaftlichem Engagement« versteht man unter Ehrenamt unentgeltliche Tätigkeiten, die mit einer gewissen Regelmäßigkeit, Ver-

bindlichkeit und Langfristigkeit, mit einem eher klaren Aufgabenprofil und in strukturierten Organisationsformen ausgeübt werden (vgl. Huth, 2007). Bereiche ehrenamtlichen Engagements sind beispielsweise kirchliche Institutionen, Sport- und Kulturvereine, Rettungs- und Hilfsorganisationen, Wohlfahrtsverbände oder soziale Organisationen. Manchen Ehrenämtern geht eine Ernennung oder Wahl voraus (z. B. einer Tätigkeit für ein Schöffengericht oder in einem Ausländer*innenbeirat; vgl. Beher et al. 2008).

2.3 Aktuelle Trends in Deutschland

Seit 1999 werden in fünfjährigen Abständen im sogenannten »Freiwilligensurvey« systematisch Daten zum freiwilligen Engagement in Deutschland erhoben. Da die Daten des Freiwilligensurveys von 2019 derzeit noch nicht publiziert sind, bietet die Umfrage aus dem Jahr 2014 die aktuellsten Einblicke. Diese lassen erkennen, dass der Anteil freiwillig engagierter Menschen in den vergangenen Jahren deutlich angestiegen ist. Das Wachstum seit der ersten Erhebung im Jahre 1999 beträgt zehn Prozentpunkte. Besonders seit 2009 hat der Anteil Engagierter deutlich zugenommen, sodass er 2014 bei 43,6 % der Wohnbevölkerung ab einem Alter von 14 Jahren (30,9 Millionen Menschen) lag (Simonson et al., 2016, S. 15). Dieses Wachstum schreiben die Herausgeber*innen gesellschaftlichen Veränderungen wie der Bildungsexpansion oder auch einer höheren Aufmerksamkeit in Politik und Öffentlichkeit zu.

Der Umfang des freiwilligen Engagements unterscheidet sich jedoch je nach Bevölkerungsgruppe (siehe Bild 6a-c). So engagieren sich Männer mit 45,7 % etwas häufiger freiwillig als Frauen mit 41,5 %. Bis zum 64. Lebensjahr ist der Anteil Engagierter hoch und sinkt erst danach ab. Die Bereitschaft, sich zu engagieren, steigt mit dem Bildungsniveau: Sie ist bei niedriger Schulbildung am geringsten und bei Schüler*innen sowie Menschen mit hohem Schulabschluss am höchsten (vgl. Simonson et al., 2016, S. 16 und 97).

Warum sich Menschen engagieren, ist sehr unterschiedlich. Gefragt nach den Gründen, stimmten Frauen und Männer mit 93,3 % der Vorgabe »Spaß zu haben« voll und ganz oder eher zu. »Mit anderen Menschen zusammenzukommen« war für 82,0 % wichtig, »Gesellschaft mitzugestalten« für 81,0 % und »mit anderen Generationen zusammenkommen« erwies sich für 80,1 % der Befragten ebenfalls von hoher Bedeutung. »Qualifikationen zu erwerben« stellte für etwa die Hälfte (51,5 %) ein wichtiges Motiv dar. »Ansehen und Einfluss nehmen« hingegen ist nur für 31,6 % motivierend, »Berufliches Vorankommen« nur für 24,9 %.

2.3 Aktuelle Trends in Deutschland

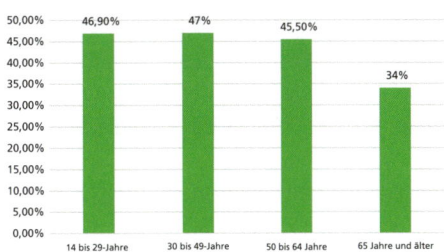
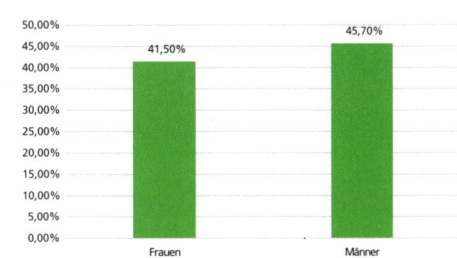

Bild 6 a-c: *Prozentanteile freiwillig Engagierter in Deutschland (nach dem Freiwilligensurvey 2014)*

»Dazuverdienen« war für nur 7,2 % von Bedeutung und stellt den am geringsten gewichteten Motivationsbereich dar (vgl. Simonson et al., 2016, S. 419, 422).

Das Allensbacher Institut identifiziert in einer bevölkerungsrepräsentativen Befragung von 2013 die folgenden Motivlagen für die Ausübung eines Engagements (vgl. Institut für Demoskopie Allensbach, 2013, S. 43–44, die angegebenen Werte sind Durchschnittswerte verschiedener abgefragter Items in der jeweiligen Kategorie):

- Engagement, um Dinge zu verbessern und zu bewegen (70,6 % der Engagierten),
- Engagement aus Wertüberzeugungen und Hilfsbereitschaft (Altruismus) (60,8 % der Engagierten),
- Engagement als Sinngebung durch bedeutsame Aufgaben und Anerkennung (61,8 % der Engagierten),
- Engagement als Bereicherung des eigenen Lebens (78,7 % der Engagierten),
- Engagement als Entfaltung von Fähigkeiten und Neigungen (76,5 % der Engagierten),

- Engagement, um Entscheidungsfreiheit zu haben (54,0 % der Engagierten),
- Engagement durch Anstöße von anderen (29,3 % der Engagierten),
- Engagement für einen konkreten Nutzen (16,0 % der Engagierten).

Dabei lassen sich drei Kerngruppen von Engagierten identifizieren (vgl. Bundesministerium für Familie, Senioren, Frauen und Jugend, 2014, S. 19, 20):
1. Engagierte mit Pflicht- und Wertvorstellungen, verbunden mit dem altruistischen Wunsch zu helfen,
2. Engagierte wünschen sich Abwechslung vom Alltag und Kontakte,
3. Engagierte agieren entsprechend den eigenen Fähigkeiten und Neigungen für eine bestimmte Gruppe oder ein bestimmtes Anliegen.

2.4 Ehrenamtliches Engagement unter den Herausforderungen des demografischen Wandels

Im Freiwilligensurvey von 2014 zeigte sich, dass ehrenamtliches Engagement überwiegend langfristig angelegt ist: 52 % derjenigen, die in den zurückliegenden zwölf Monaten ehrenamtlich aktiv waren, übten ihre Tätigkeit bereits seit fünf Jahren oder länger aus. Der Durchschnittszeitraum für ein Ehrenamt liegt dieser Untersuchung zufolge bei 6,3 Jahren. Über einen besonders langen Zeitraum sind dabei die Mitglieder von Unfall- und Rettungsdiensten (z. B. die Angehörigen der Freiwilligen Feuerwehren) ihrer Tätigkeit verbunden. Eher kurzfristig ist hingegen das Engagement im Bereich Schule und Kindergarten (Simonson et al., 2016).

Was bei dieser Momentaufnahme nicht zu erkennen ist: Veränderungen durch Geburtenentwicklung, Sterberate und Migration beeinflussen auch das Ehrenamt in Deutschland. Der Begriff »demografischer Wandel« bezeichnet im Groben das Altern der Bevölkerung verbunden mit der Schrumpfung der Bevölkerung (vgl. Kleefeld, 2011). In Kombination mit einer steigenden Individualisierung und Modernisierung der Gesellschaft hat der demografische Wandel einen Rückgang des traditionellen Ehrenamts in hochorganisierten Organisationen, wie Wohlfahrts- und Jugendverbänden, Kirchen, Parteien und Gewerkschaften bewirkt (vgl. Han-Broich, 2011). Zugenommen hat das freiwillige Engagement hingegen dort, wo ein selbstbestimmtes, flexibles, zeitlich begrenztes, projektorientiertes Engagement möglich ist, wie z. B. in der kollektiv organisierten Selbst- und Fremdhilfe, im Sport-, Freizeit- und Kulturbereich sowie in Bürgerinitiativen. Während das traditionelle Ehrenamt eher von Langfristigkeit, Kontinuität, Verbindlichkeit und altruistischen Normen geprägt war, treten hier eher individualistische, selbstbezogene Beweggründe in den Vordergrund.

Der demografische Wandel stellt somit insbesondere solche Organisationen vor Herausforderungen, die sich traditionell aus eher jüngeren Menschen rekrutieren, z. B. den Katastrophen- und Brandschutz. Durch den Geburtenrückgang ist das Reservoir junger Menschen kleiner als in früheren Jahrzehnten. Diese wünschen sich zudem weniger Verbindlichkeit, Regeln und feste Strukturen, sondern wollen eher selbstbestimmt und in ihrem eigenen Interessenfeld aktiv sein (vgl. Bundesministerium für Familie, Senioren, Frauen und Jugend, 2017).

2.5 Freiwilliges Engagement im internationalen Vergleich

Wie ehrenamtliches Engagement in anderen Ländern ausgeübt wird, in welchem Ausmaß, mit welcher inhaltlichen Ausrichtung und in welchen organisatorischen Strukturen es angelegt ist, kann sehr unterschiedlich sein. Länderübergreifend lässt sich aber feststellen, dass sich Menschen dann unentgeltlich engagieren, wenn sie über entsprechende Ressourcen verfügen: Mit steigendem Einkommen, zunehmender Bildung und besserer Gesundheit engagieren sich Menschen vermehrt unentgeltlich (vgl. Erlinghagen et al., 2011).

In einem Bundesgutachten haben Anheier & Toepler (2001) die Engagementlandschaft in verschiedenen »Regimen« (politischen Führungs- und Organisationsstilen) untersucht. Aus den Faktoren »Ausmaß der Dienstleistungskomponente« einerseits und »Ausmaß der zivilgesellschaftlichen Komponente« ergeben sich vier Kombinationsmöglichkeiten, denen sich Länder zuordnen lassen (vgl. Tabelle 1). So finden sich in Japan und vielen Entwicklungsländern dieser Welt gering ausgebildete Dienstleistungsfunktionen des Staates in Kombination mit einer gering ausgebildeten Zivilgesellschaft. In Frankreich, Deutschland, den Niederlanden und Österreich ist sowohl die Dienstleistungs- als auch die zivilgesellschaftliche Komponente vergleichsweise stark entwickelt. Hier sind staatliche Reformbestrebungen für bürgerschaftliches Engagement zu verzeichnen. Der Wohlfahrtsstaat wird modernisiert und das Engagement wird aus öffentlichen Geldern unterstützt. In den USA, Großbritannien und Australien herrscht ein liberales Modell von freiwilligem Engagement vor: Nonprofit-Organisationen stützen sich weniger auf öffentliche Mittel, daher ist der wirtschaftliche Druck höher und es existiert ein zunehmend gewinnorientierter, privater Markt für zivilgesellschaftliches Engagement. Die Kommerzialisierung von sozialem Engagement reduziert die Ausgaben der Regierung für die Sozialleistungen des öffentlichen Sektors. In sozialdemokratisch geprägten Ländern wie Schweden, Norwegen und Finnland ist die zivilgesellschaftliche Komponente von bürgerschaftlichem Engagement stark ausgeprägt, während der Dienstleistungsgedanke weniger vorrangig ist. Dementsprechend sind Ehrenamtliche in diesen Ländern sehr stark im Freizeitbereich tätig. Norwegen nimmt mit 67,8 % hier die Spitzenposition ein, gefolgt von Dänemark und Schweden (vgl. Erlinghagen & Hank, 2011). In Ländern, in denen staatliche Sozialleistungen geringer ausgeprägt sind, ist hingegen das freiwillige Engagement im sozialen Bereich stärker ausgeprägt. Hier finden sich die USA, Belgien und Irland an der Spitze.

Tabelle 1: *Zuordnung von Ländern gemäß ihrer zivilgesellschaftlichen und Dienstleistungskomponente (nach Anheier & Toepler, 2011)*

Staatliche Sozialausgaben	Wirtschaftlicher Umfang des Nonprofit Sektors	
	Niedrig	Hoch
Niedrig	Staatlich dominiert (z. B. Japan, Entwicklungsländer)	Liberal (z. B. USA, Großbritannien, Australien)
Hoch	Sozialdemokratisch (z. B. Schweden, Norwegen, Finnland)	Korporatistisch (z. B. Frankreich, Deutschland, Österreich, Niederlande)

Auf das Ehrenamt allgemein bezogen konstatieren Erlinghagen & Hank (2011) bei den untersuchten Ländern ein deutliches Nord-Süd-Gefälle (vgl. Bild 7). Norwegen (36,6 %), Schweden (34,7 %), die Niederlande (30,6 %) und Dänemark (27,7 %) liegen an der Spitze ehrenamtlich Engagierter, während Spanien (6,4 %), Griechenland (6,4 %), Portugal (6,1 %), Polen (5,6 %) und Italien (4,5 %) die Schlusslichter ehrenamtlicher Aktivität innerhalb der Bevölkerung sind. Im Mittelbereich der ehrenamtlichen Beteiligung (17,6 %) liegen die USA (22,6 %), Slowenien (19,5 %), Frankreich (19,3 %) sowie Irland und Luxemburg (jeweils 15,3 %). Die ehrenamtliche Aktivität in Deutschland liegt in dieser Studie, der Datensätze des European Social Survey von 2002/2003, 2004/2005 und 2006/2007 (European Social Survey, 2018a, 2018b und 2018c) sowie des US-Datenmaterials zur Befragung »Citizenship, Involvement, Democracy« (CID) von 2005 (Howard et al., 2007) zugrunde liegen, bei etwa einem Viertel der Bevölkerung.

2.5 Freiwilliges Engagement im internationalen Vergleich

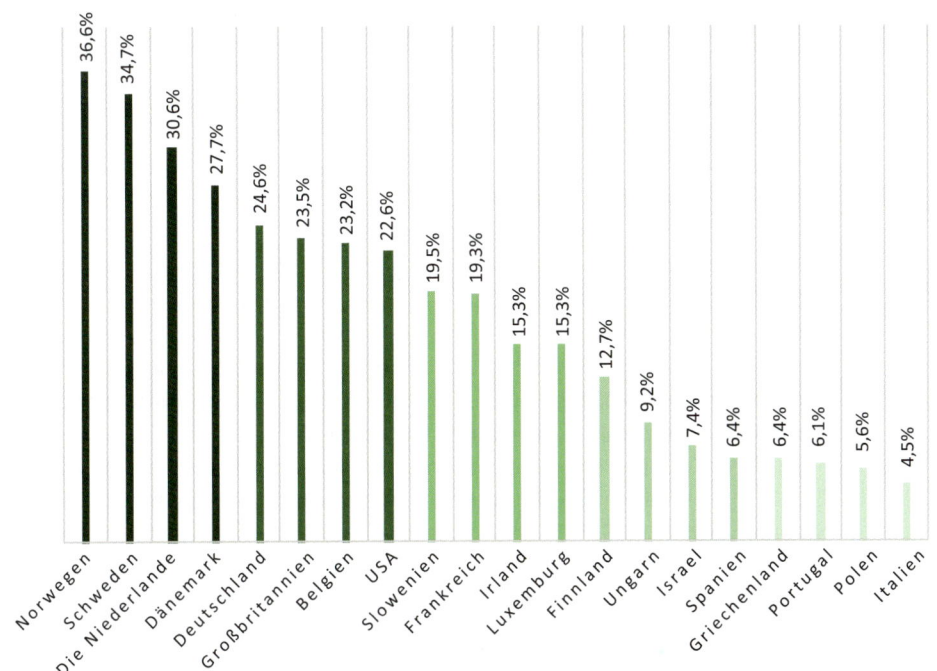

Bild 7: *Nord-Süd-Gefälle im Ehrenamt (Quelle: ESS (Round 1) & CID)*

Der Sektor informeller Hilfestellung wird von Deutschland angeführt. Hier geben 55,7 % an, nachbarschaftlich regelmäßig zu helfen. Ebenfalls sind in Dänemark (54,5 %), Schweden (51,8 %), Slowenien (51,8 %) und der Schweiz (49,9 %) hohe Werte vorzufinden. Erlinghagen & Hank (2011) vermuten den Hauptgrund für die länderspezifischen Unterschiede in den institutionellen Rahmenbedingungen. Bei den Datenzusammenführungen ist der Zusammenhang zwischen der Höhe der Pro-Kopf-Sozialausgaben und dem Anteil der Helfenden signifikant. Für Afrika und Asien sind kaum Daten zum bürgerschaftlichen Engagement vorhanden (vgl. International Labour Office, 2018). Die dargestellten Zusammenhänge legen aber den Schluss nahe, dass ein ehrenamtliches, gemeinwesenorientiertes Engagement im sozialen Bereich eher selten vorzufinden ist.

2 Das Ehrenamt in Deutschland

2.6 Engagement von Migrant*innen in Deutschland

Insgesamt betrachtet engagieren sich Menschen mit Migrationshintergrund in Deutschland erkennbar weniger als Menschen ohne Migrationshintergrund (31,5 % gegenüber 46,8 %, vgl. Simonson et al. 2016, S. 592, vgl. Bild 8). Im Freiwilligensurvey 2014 war jedoch erkennbar, dass sich bei zunehmender Verwurzelung in Deutschland das Engagementverhalten von Migrant*innen an das der deutschstämmigen Bevölkerung angleicht: Bei in Deutschland Geborenen, die auch die deutsche Staatsangehörigkeit besitzen, liegt der Anteil der Engagierten mit 43,2 % nur unwesentlich unter dem Wert für Menschen ohne Migrationshintergrund. Bei denjenigen, die zwar in Deutschland geboren sind, aber nicht die deutsche Staatsangehörigkeit besitzen, ist er mit 31,1 % schon deutlich niedriger. Noch geringer ist der Anteil bei den nicht in Deutschland Geborenen.

In dieser Gruppe liegt er bei Personen mit deutscher Staatsangehörigkeit bei 26,4 % und bei denjenigen ohne deutsche Staatsangehörigkeit nur bei 21,7 % (vgl. Simonson et al. 2016, S. 593). Entsprechend diesem Muster ist zu vermuten, dass sich unter den Personen, die in den vergangenen Jahren als Geflüchtete nach Deutschland gekommen sind, gegenwärtig nur wenige ehrenamtlich engagieren.

Genauso wie bei der deutschstämmigen Bevölkerung engagieren sich auch innerhalb der Bevölkerung mit Migrationshintergrund Männer etwas häufiger als Frauen (31,8 % gegenüber 31,2 %), die Jüngeren mehr als die Alten (vgl. Simonson et al. 2016, S. 594, 595) und auch hier ist der Sport der häufigste Bereich ehrenamtlichen Engagements (vgl. Simonson et al. 2016, S. 598). Graduelle Unterschiede hinsichtlich der Engagementbereiche zeigen sich etwa in den Bereichen Schule/Kindergarten, Kirche/Religion sowie Gesundheit, in denen sich Personen mit Migrationshintergrund häufiger engagieren als Personen ohne Migrationshintergrund. Letztere sind hingegen in der Jugendarbeit und Bildungsarbeit sowie im politischen Bereich häufiger ehrenamtlich tätig. Deutlich ist auch der Unterschied im Bereich Rettungsdienste/Freiwillige Feuerwehr: Hier engagieren sich Menschen ohne Migrationshintergrund deutlich häufiger als Personen mit nicht-deutschen Wurzeln (7,2 % gegenüber 3,4 %) (vgl. Simonson et al. 2016, S. 598; für einen Überblick der Unterschiede in Engagementbereichen siehe Tabelle 2).

Das Potenzial, sich zukünftig zu engagieren, ist bei Menschen mit Migrationshintergrund größer als bei Deutschen ohne Migrationshintergrund: Im Freiwilligensurvey 2014 gaben 13,6 % Prozent der befragten Menschen mit Migrationshintergrund an, sich ein künftiges Engagement gut vorstellen können. Bei den Befragten

2.6 Engagement von Migrant*innen in Deutschland

mit (nur) deutschen Wurzeln lag dieser Anteil nur bei 10,8 % (vgl. Simonson et al. 2016, S. 595).

Tabelle 2: *Vergleich der häufigsten Bereiche, in denen sich in Deutschland Menschen ohne und mit Migrationshintergrund engagieren (nach dem Freiwilligensurvey 2014)*

Menschen ohne Migrationshintergrund	Menschen mit Migrationshintergrund
1. Sport und Bewegung: 37,7 %	1. Sport und Bewegung: 35,4 %
2. Kultur und Musik: 21,0 %	2. Kultur und Musik: 19,6 %
3. Schule oder Kindergarten: 20,1 %	3. Schule oder Kindergarten: 25,4 %
4. Sozialer Bereich: 19,8 %	4. Sozialer Bereich: 17,6 %
5. Kirchlicher oder religiöser Bereich: 17,0 %	5. Kirchlicher oder religiöser Bereich: 20,7 %
6. Freizeit und Geselligkeit: 13,5 %	6. Freizeit und Geselligkeit: 11,9 %
7. Außerschulische Jugendarbeit/Bildungsarbeit für Erwachsene: 9,5 %	7. Gesundheitsbereich: 7,2 %
8. Politik und politische Interessenvertretung: 8,8 %	8. Außerschulische Jugendarbeit/Bildungsarbeit für Erwachsene: 6,9 %
9. Umwelt, Naturschutz, Tierschutz: 8,2 %	9. Umwelt, Naturschutz, Tierschutz: 6,3 %
10. Unfall-/Rettungsdienst, Freiwillige Feuerwehr: 7,2 %	10. Politik und politische Interessenvertretung: 5,6 %
11. Berufliche Interessenvertretung außerhalb des Betriebs: 5,8 %	11. Berufliche Interessenvertretung außerhalb des Betriebs: 5,2 %
12. Gesundheitsbereich: 5,5 %	12. Unfall-/Rettungsdienst, Freiwillige Feuerwehr: 3,4 %

2 Das Ehrenamt in Deutschland

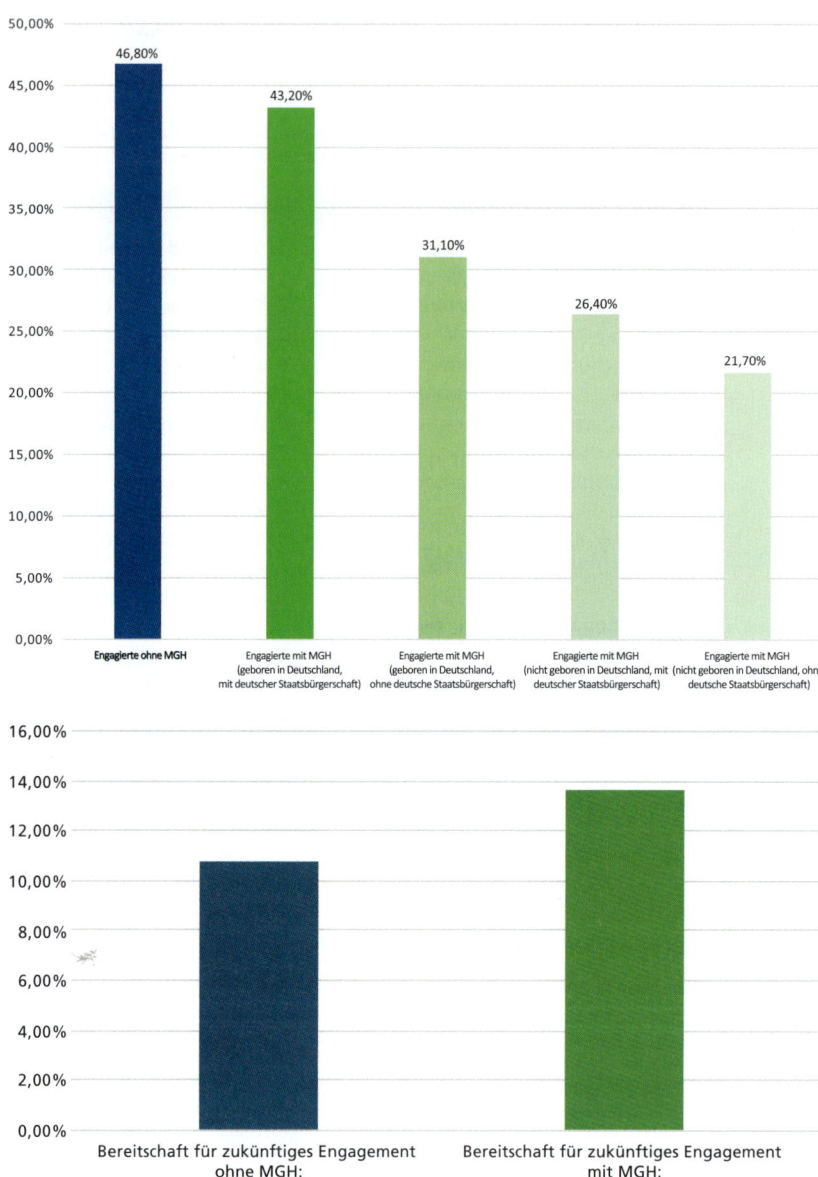

Bild 8 a–b: *Vergleich der Prozentanteile freiwillig Engagierter ohne und mit Migrationshintergrund (Quelle FWS 2014)*

2.7 Integration durch bürgerschaftliches Engagement

Freiwilliges Engagement dient nicht nur der Gesellschaft, sondern steigert meist auch das Wohlbefinden der Engagierten. Diese sind durch ihre Tätigkeit in ein Gemeinwesen eingebunden. Sie treffen Gleichgesinnte, tauschen sich mit diesen aus und erweitern damit ihr soziales Netzwerk. Unabhängig davon, ob eine Person einen Migrationshintergrund hat oder nicht: Freiwilliges Engagement ist eine Möglichkeit der Teilhabe, des Findens von Lebenssinn und Lebensfreude. Morrow-Howell et al. (2009) stellen fest, dass sich das freiwillige Engagement durch die entstandenen sozialen Beziehungen positiv auf die Lebenszufriedenheit und Gesundheit auswirken kann.

Bürgerschaftliches Engagement in Vereinen und Institutionen ist daneben auch ein Lernort. Engagierte Migrant*innen bauen laut Huth (2011), durch den Kontakt mit deutschen Behörden und Einrichtungen ihr rechtliches und politisches Wissen aus. Sie stärken ihre Sprach- und Kommunikationsfähigkeit, vergrößern ihre Kenntnisse des gesellschaftlichen Systems ihrer neuen Heimat und erleben sich als selbstwirksam. Für die gesellschaftliche Integration und Teilhabe von Migrant*innen leistet ein bürgerschaftliches Engagement in vielerlei Hinsicht einen Beitrag (Huth, 2011, S. 447):

- »kulturell: Bürgerschaftliches Engagement bietet Gelegenheiten für den Erwerb des nötigen Wissens hinsichtlich kultureller Konventionen, Regeln und Fertigkeiten sowie der Sprache.
- strukturell: Es ergeben sich Möglichkeiten des Transfers von, im Engagement erlangten, Kompetenzen ins Erwerbsleben bzw. in die schulische oder berufliche Weiterbildung.
- sozial: Im Engagement bieten sich Gelegenheiten für soziale Kontakte und Interaktionen mit Mitgliedern der Aufnahmegesellschaft.
- emotional: Engagement stiftet Zugehörigkeitsgefühl zur Aufnahmegesellschaft durch Anerkennung und Verantwortungsübernahme«.

Für freiwilliges Engagement in Deutschland gibt es kaum formale Zugangsbeschränkungen. Wer sich aktiv einbringen und beteiligen möchte, ist in der Regel willkommen. Huth (2012, S. 4) führt für das gegenwärtig noch geringere Engagement von Migrant*innen die folgenden Gründe ins Feld:

- »Unkenntnis über Möglichkeiten des freiwilligen Engagements, der Einrichtungen und Angebote;
- Sprachbarrieren;

2 Das Ehrenamt in Deutschland

- Öffentlichkeitsarbeit von Vereinen und Verbänden erreicht Menschen mit Migrationshintergrund kaum;
- Wahrnehmung aufnahmegesellschaftlicher Zusammenhänge als »geschlossene Gemeinschaft«;
- mangelnde Ansprache durch Vereine und Verbände trotz vermeintlicher Offenheit für Menschen mit Migrationshintergrund;
- soziokulturelle Prägung von Engagement (z. B. Freiwillige Feuerwehr, Sport, Traditionsvereine)«.

Für Ehrenamtsorganisationen und -vereine, die aufgrund der Folgen des demografischen und strukturellen Wandels mit Mitgliederschwund konfrontiert sind, bietet diese Liste Ansatzpunkte, um die aktuell noch unterrepräsentierte, jedoch grundsätzlich motivierte Gruppe der Migrant*innen in ehrenamtliche Tätigkeiten zu integrieren.

2.8 Fazit: Doppelter Mehrwert durch Öffnung und Information

Das deutsche Vereinswesen ist in seiner historischen Entwicklung ein prägendes kulturspezifisches Merkmal der Zivilgesellschaft in Deutschland. Die sinkende Zahl aktiver Personen führt für Ehrenamtsorganisationen zu der Notwendigkeit, Strategien zur Gewinnung neuer Freiwilliger zu entwickeln. Dabei auch Personen mit Migrationshintergrund als neue Zielgruppe in den Blick zu nehmen, die bislang in den Hilfsorganisationen unterrepräsentiert sind (Hielscher & Nock, 2014), kann ein Gewinn für beide Seiten sein. Zum einen stärkt die Mitwirkung von Migrant*innen Vereine und Ehrenamtsorganisationen sowohl quantitativ als auch qualitativ. Zum anderen fördert das ehrenamtliche Engagement die Integration und Teilhabe von Menschen mit Migrationshintergrund.

In vielen Herkunftsländern von Migrant*innen existiert das, was in Deutschland unter »Ehrenamt« verstanden wird, jedoch nicht. Soziales Engagement und Hilfeleistungen werden innerhalb des Familienverbundes geleistet. Da unbezahltes Ehrenamt und Engagement in einem Verein im Herkunftsland meist keine eindeutig übertragbaren Entsprechungen haben, sind diese Konzepte für Migrant*innen schwer fassbar (vgl. Tuncay, 2015). Bei Migrant*innen Informationsarbeit zu leisten ist daher ebenso wichtig, wie eine interkulturelle Öffnung von Ehrenamtsorganisationen.

3 Feuerwehr heute

Alexander Scheitza & Corinna Mailänder

3.1 Funktionen der Feuerwehr

Für die Gesellschaft der Bundesrepublik Deutschland ist die Feuerwehr traditionellerweise für die Abwehr von Gefahren zuständig, die durch Brände, Explosionen, Überschwemmungen, Unfälle und ähnliche Ereignisse entstehen. Darüber hinaus leistet sie abwehrenden Umweltschutz und vorbeugenden Brandschutz. Für die Gesellschaft hat die Feuerwehr also eine existentielle Funktion.

Die Feuerwehr wirkt aber nicht nur nach außen, sondern erfüllt auch nach innen Bedürfnisse. Für die Mitglieder der Freiwilligen Feuerwehren ist ihr Engagement in der Regel weit mehr als ein Hobby. Die Feuerwehr ist im doppelten Sinn eine soziale Organisation: Gemeinsam setzen sich Angehörige der Feuerwehr für eine Gemeinschaft und das Wohlergehen der Bevölkerung ein. Als soziale Tätigkeit ist das Engagement bei der Feuerwehr für viele ihrer Mitglieder sinnstiftend und Quelle von Zufriedenheit und Stolz (vgl. Projektgruppe des Ludwig-Uhland-Instituts, 2011). Bei Einsätzen ist die Feuerwehr eine Gefahrengemeinschaft, die ohne wechselseitiges Vertrauen und Zusammenhalt nicht funktionieren würde. Übungen, aber auch die über die eigentliche Feuerwehrarbeit hinausgehenden Freizeitangebote vieler Feuerwehren bieten Kontaktmöglichkeiten und geselliges Miteinander. Besonders in ländlichen Regionen ist die Feuerwehr seit Generation eine kaum wegzudenkende Institution der Dorfgemeinschaft. Was die Freiwillige Feuerwehr für ihre Mitglieder bedeutet, veranschaulichen die Äußerungen von Feuerwehrangehörigen im Rahmen einer Befragung des Landesfeuerwehrverbandes Hessen (2017, siehe Kasten).

Die Funktion der Freiwilligen Feuerwehr aus Sicht von Feuerwehrangehörigen:

»Die Feuerwehr ist eine der ältesten Bürgerinitiativen und zwar nicht gegen etwas, sondern für etwas – für den Schutz der Gemeinschaft«

»Es war eher eine dörfliche Gemeinschaft, […] da gehörte das zum guten Ton, bei der Feuerwehr zu sein.«

»… Kameradschaftspflege, Pflege von Netzwerken im Ortsteil, im Stadtteil, diese Verwurzelung und damit auch die Geselligkeit – das sind Dinge, auf die dürfen wir auch stolz sein. Wir sind mit die ältesten Vereine, das darf man auch nicht vergessen.«

3 Feuerwehr heute

> »Geh zur örtlichen Feuerwehr, dann bist du gleich integriert. Da lernst du die Leute kennen, mit denen du auch täglich zu tun haben wirst in deiner Stadt.«
> »Da bist du mit dem Auto liegen geblieben, da weißt du, wen du anrufen musst, einen Kameraden, der kommt und schleppt dich ab […] Auch beim Umzug helfen wir mit einem LKW, […] wir organisieren fast alles.«
> »Der Zusammenhalt hier gefällt mir so gut, das ist mehr als ein Hobby. Man hilft sich aus […] und wir treffen uns auch außerhalb der Feuerwehr. Es ist halt auch familiär hier, Freundschaft und Familie.«
> »Drei Begriffe, die für mich die Feuerwehr beschreiben: Große Familie, Verlässlichkeit und Sicherheit. Ich würde nicht mit jedem durchs Feuer laufen.«
> (aus einer Befragung des Landesfeuerwehrverbandes Hessen, 2017)

3.2 Mitgliederentwicklung

Vor dem Hintergrund der tiefen Verwurzelung in einem oft überschaubaren Gemeinwesen verwundert es nicht, dass neue Mitglieder vor allem über Familie, Freunde oder Bekannte zur Freiwilligen Feuerwehr finden (»Mein Opa war schon bei der Feuerwehr, mein Vater ist noch bei der Feuerwehr und ich bin quasi mit der Feuerwehr aufgewachsen und mit zehn in die Jugendfeuerwehr eingetreten. Und seitdem bin ich dabei.« »Mein Vater war stellvertretender Wehrführer.« »Meine Freunde sind auch zur Feuerwehr gegangen«, aus Befragungen der Projektgruppe des Ludwig-Uhland-Instituts, 2011 und des Landesfeuerwehrverband Hessen, 2017).

Die Mitgliederentwicklung ist jedoch seit Jahren rückläufig und stellt die Freiwillige Feuerwehr vor ernsthafte Herausforderungen. Waren im Jahr 2000 noch 1,07 Millionen Menschen in der Freiwilligen Feuerwehr engagiert, sind es im Jahr 2017 nur noch 994.690. Das entspricht einem Rückgang um 7 % (vgl. Deutscher Feuerwehrverband, 2016 und 2019). Da die Bevölkerung der Bundesrepublik Deutschland in diesem Zeitraum geringfügig gewachsen ist (um 0,6 %, vgl. Statistisches Bundesamt, 2020) ist dieser Rückgang besorgniserregend. Setzt sich dieser Trend fort, wird es fraglich, ob das freiwillige Feuerwehrwesen noch in der Lage ist, Gefahrenabwehr und Katastrophenschutz sicherzustellen, oder ob es nötig sein wird, Ortsfeuerwehren zusammenzulegen, das Berufsfeuerwehrwesen auszuweiten oder verstärkt Pflichtfeuerwehren ins Leben zu rufen.

Ursache für den Rückgang ist zum einen der in Kapitel 2 dargestellte allgemeine Trend weg von langfristigen ehrenamtlichen Verpflichtungen hin zu kurzfristigem Engagement. Zum anderen gibt es aber auch feuerwehrspezifische Gründe für den Mitgliederschwund:

3.2 Mitgliederentwicklung

- **Landflucht**: Traditionell rekrutieren sich Ortsfeuerwehren aus den ansässigen jungen Menschen. Vor allem diese ziehen aber mittlerweile häufig vom Land weg in Ballungsräume (vgl. Bundesinstitut für Bevölkerungsforschung, o. J.).
- **Berufspendler*innen**: Immer mehr Menschen pendeln aus beruflichen Gründen in die Ballungsräume und stehen für die Tagesalarmbereitschaft nicht zur Verfügung (Anstieg der Pendler*innen von 2008 bis 2017 um 17,7 %, vgl. Bundesministerium des Innern, für Bau und Heimat, 2019). Es ist zu vermuten, dass nicht wenige Berufspendler*innen ihr Engagement für die Feuerwehr auch ganz beenden.
- **Mobilitätsanforderungen**: Umzüge nehmen zu (vgl. https://www.ummelden.de/umzugsstudie-deutschland/). Neuzugezogene finden seltener den Weg in die Feuerwehr als Alteingesessene.
- **Zunahme akademischer Bildungsabschlüsse**: Während der Anteil von Akademiker*innen, die seltener den Weg in die Feuerwehr finden, innerhalb der deutschen Bevölkerung steigt, nimmt der Anteil häufiger Berufe von Feuerwehrangehörigen (z. B. Handwerk) seit vielen Jahren ab (Bekyigit, 2010).

Das vom Mitgliederrückgang ausgehende Risiko für das freiwillige Feuerwehrwesen sind der Feuerwehr selbst und der Politik bekannt. War die Feuerwehr lange Zeit ein durch die Familie »geerbtes Hobby« (Landesfeuerwehrverband Hessen, 2017, S. 25), bemüht sie sich seit Mitte der 2000er Jahre verstärkt aktiv um neue Mitglieder. Mit Werbekampagnen wie z. B. »Alle brauchen dich« (http://www.allebrauchendich.com, 2013) und »Freiwillig – ehrenamtlich – unermüdlich« (https://www.ich-bin-freiwillige-feuerwehr.de/, 2019) oder auch Materialien wie dem Leitfaden »Mehr Menschen für die Feuerwehr« (Landesfeuerwehrverband Hessen, 2012) soll dem Mitgliederrückgang entgegengewirkt werden.

Eine – in gewisser Hinsicht – gute Nachricht in diesem Zusammenhang: Der Anteil der Frauen in der Freiwilligen Feuerwehr ist zwischen 2000 und 2017 von 5,7 % auf 9,5 % gestiegen. Der aktuelle Frauenanteil der Freiwilligen Feuerwehren variiert jedoch stark nach Bundesland: Während Mecklenburg-Vorpommern mit 16 % und Sachsen-Anhalt mit 15 % die Spitzenwerte erzielen, sind Baden-Württemberg mit 5,7 % und Rheinland-Pfalz mit 5,5 % die Schlusslichter. Allgemein betrachtet scheint die, in den westlichen Bundesländern Anfang der 1970er Jahre begonnene, Öffnung der Feuerwehren für Frauen zu einem gewissen Teil den Mitgliederschwund zu kompensieren. Dass der Frauenanteil fast ein halbes Jahrhundert später bundesweit nicht deutlich über 10 % liegt, scheint mit bewussten und unbewussten Ausgrenzungsmechanismen zu tun zu haben (vgl. Horwarth, 2013).

Das Beispiel der Frauen in der Feuerwehr zeigt jedoch: Eine Möglichkeit, den Bestand der Freiwilligen Feuerwehren zu gewährleisten, scheint darin zu bestehen, verstärkt Bevölkerungsgruppen in den Blick zu nehmen, die bislang nur wenig vertreten sind. So ist es naheliegend, zu versuchen, auch mehr Menschen mit Migrationshintergrund für die Feuerwehr zu gewinnen. Über die aktuelle Zahl von Migrant*innen in der Feuerwehr gibt es kaum belastbare Daten. In der Einleitung der, vom Deutschen Feuerwehrverband herausgegebenen, Broschüre »Einsatz braucht Vielfalt – Vielfalt braucht Einsatz« heißt es (allerdings ohne Quellennachweis): »Der bundesweite Anteil der Menschen mit Migrationshintergrund in den Feuerwehren liegt bislang jedoch noch unter einem Prozent« (Deutscher Feuerwehrverband, 2012, S. 4). Der Landesfeuerwehrverband Hessen (2017) hat für Hessen einen Migrant*innenanteil von 1,3 % ermittelt, weist aber darauf hin, dass die Daten freiwilligen Angaben zugrunde liegen und die tatsächliche Quote vermutlich höher ist. Auch wenn eindeutige Zahlen fehlen: Es besteht kein Zweifel daran, dass Menschen mit Migrationshintergrund in der Feuerwehr im Verhältnis zum gesamtgesellschaftlichen Anteil von 25,5 % im Jahr 2018 (Statistisches Bundesamt, 2019) deutlich unterrepräsentiert sind. Die Ursachen hierfür beschreibt die Projektgruppe des Ludwig-Uhland-Instituts (2011, S. 4) folgendermaßen:

»Der auffällige Mangel an migrantischen Freiwilligen bei Feuerwehr und Rotem Kreuz resultiert nicht aus ethnischer Abschottung auf Migrantenseite und manifester Ausländerfeindlichkeit auf deutscher Seite. Nicht Mauern behindern das Zusammenfinden, sondern Stolpersteine: Hier Wissensmängel, Unsicherheiten, Fehleinschätzungen, dort Stereotypen, Ungeschicklichkeiten, mangelndes Einfühlungsvermögen.«

In den letzten Jahren haben einige Feuerwehrverbände erkannt, dass dieses Ungleichgewicht ein Potenzial für die Zukunftssicherung der Freiwilligen Feuerwehren sein könnte. So nahm der Deutsche Feuerwehrverband gemeinsam mit fünf weiteren europäischen Ländern an dem 2005 bis 2007 durchgeführten EU-Projekt »ADDRESS« (»Achieving and Delivering Diversity Results within the Emergency Services Sector« – deutsch: Nutzung der Vielfalt für Feuerwehr und Rettungsdienste) teil. Das Projekt zielte durch Schulungen, die den Mehrwert gesellschaftlicher Vielfalt thematisieren, sowie durch Begleitmaterialien auf eine Öffnung für bisher unterrepräsentierte Bevölkerungsgruppen wie Migrant*innen, Frauen und Akademiker*innen ab. Die Deutsche Jugendfeuerwehr rief 2007 die Aktion »Unsere Welt ist bunt«

ins Leben, um Jugendliche mit Migrationshintergrund in die Feuerwehr zu integrieren. Aus dieser Aktion ging 2010 ein fester Fachausschuss Integration hervor. Mit der Broschüre »Einsatz braucht Vielfalt – Vielfalt braucht Einsatz« (2012) regte der Deutsche Feuerwehrverband 2012 eine interkulturelle Öffnung der Feuerwehr an. Migrationsbeauftragte sollen auf Landesebene dafür sorgen, dass Hürden abgebaut und Integration gefördert werden.

Diese Bestrebungen werden in der Mitgliederschaft jedoch sehr unterschiedlich aufgenommen. Während viele Feuerwehrmitglieder die Notwendigkeit einer Öffnung der Feuerwehr und auch die damit einhergehenden Potenziale erkennen, gibt es – vor allem bei älteren Mitgliedern – mitunter auch Vorbehalte. Die Projektgruppe des Ludwig-Uhland-Instituts (2011) zitiert einen Feuerwehrmann, der sich eingesteht, »dass sich einige seiner Kollegen bestimmt fragen würden: »Was will denn der bei uns?«, wenn ein »Ausländer« den Raum betreten sollte« (S. 65). Dem Autor dieses Buches ist ein entsprechender Fall aus den späten 1990er Jahren bekannt, bei dem einem jungen Menschen mit türkischen Wurzeln von alteingesessenen Angehörigen der Feuerwehr deutlich kommuniziert wurde, dass seine Mitgliedschaft bei der Feuerwehr nicht erwünscht sei. Auch wenn es sich hier um Einzelfälle handelt, die Wirkung solcher Äußerungen ist fatal: Nicht nur die konkret Betroffenen werden hier diskriminiert und Integration wird ihnen verwehrt. Es ist anzunehmen, dass diese ihren Freunden und Verwandten über das Vorgefallene berichten. Hat sich diese negative Erfahrung in einer Community herumgesprochen, ist kaum zu erwarten, dass sich aus diesem Kreis (der mitunter sehr groß sein kann) in absehbarer Zeit Mitglieder für die Feuerwehr gewinnen lassen. Die abwehrende Haltung mancher Feuerwehrangehörigen gegenüber Migrant*innen lässt sich vermutlich auf eine Polarisierung in unterschiedliche soziale Milieus zurückführen, die sich in Deutschland in den vergangenen Jahren verstärkt hat. Feuerwehrangehörige mit Vorbehalten gegenüber Migrant*innen in den eigenen Reihen wären mit den Worten von Joachim Gauck (2019) dem Milieu der »Sesshaften« zuzuordnen, die Sicherheit und Tradition schätzen und – anders als der Typus der »Weltbürger« – Neuem und Fremdem eher skeptisch gegenüberstehen.

3.3 Kultur der Feuerwehr

Wie bei jeder Gruppe von Menschen haben sich auch bei der Feuerwehr im Laufe der Zeit Bedeutungen, Regeln, Vorlieben und Gewohnheiten herausgebildet, die die Gruppenmitglieder (mehr oder weniger) miteinander teilen. Man kann also von einer »Kultur der Feuerwehr« sprechen. Yildirim-Krannig et al. (2014) weisen darauf hin, dass man sich Feuerwehrkultur aber nicht als einheitlich vorstellen kann. Zum einen unterscheiden sich die institutionellen Rahmenbedingungen von Bundesland zu Bundesland und mitunter auch auf kommunaler Ebene. Zum anderen hat jede Feuerwehr ihre ganz spezifischen Mythen, »Heldenerzählungen« und Überzeugungen. Und auch die Bedeutungen von Symbolen, Ritualen und Handlungsweisen können variieren. Da »jede Feuerwehr […] mehr oder weniger ihr eigenes »Gedächtnis« (respektive Normalität) entwickelt [hat]« (S. 139), müsste man streng genommen im Plural von Kulturen der Feuerwehr sprechen.

In insgesamt neun Seminaren haben wir die teilnehmenden Mitglieder Freiwilliger Feuerwehren in Hessen aufgefordert, in Gruppenarbeit Elemente von Feuerwehrkultur zu bestimmen. Gefragt wurde nach (1) Vorlieben für bestimmte Situationen, Abläufe, Rituale, (2) Werten und Weltanschauungen, (3) »Körper-Kultur« (z. B. Körperhaltung, Gestik, Mimik, Kleidung, Schmuck), (4) Kommunikativen Mustern und Sprechstilen sowie (5) Dingen/Gegenständen. Auch wenn sich die Ergebnisse von Arbeitsgruppe zu Arbeitsgruppe unterschieden (und somit die Forschungsergebnisse von Yildirim-Krannig et al. unterstützen), zeigten sich auch Elemente, die häufig benannt wurden und daher als zentrale Bestimmungsstücke von Feuerwehrkultur angesehen werden können.

3.3 Kultur der Feuerwehr

Bild 9: *Beispiel für das Ergebnis einer Gruppenarbeit zum Thema »Kultur der Feuerwehr« (Quelle: Alexander Scheitza)*

3 Feuerwehr heute

Der folgende Kasten zeigt eine Zusammenfassung der häufigsten Nennungen.

Elemente von Feuerwehrkultur

1. Vorlieben für bestimmte Situationen, Abläufe, Rituale
   - **Gemeinschaft:** Geselligkeit; gemeinsames Sitzen nach der Übung; gemeinsame Freizeit (Ausflüge und Feiern); gemeinschaftliches Auftreten auch außerhalb von Einsätzen (Feste, Hochzeiten); Duzen; sich »foppen«
   - **Regeln und Strukturen:** Feuerwehr-Dienstvorschriften; Regelerlasse; Dienstpläne; Kontrolle der Anwesenheit; Antreten vor Dienstbeginn; Sitzordnung; Pünktlichkeit; hierarchische Strukturen
   - **Traditionen:** Versammlungen; Ehrungen; Taufe bei Eintritt; Totengedenken; Kreisverbandstag; Neujahrsempfang; Besuch von Festen und Umzügen; Begrüßung per Handschlag; Spalier stehen; Abschluss-Bier; eigener Trinkspruch; konservativ; politisch neutral
   - **Essen und Trinken:** Bier; Bratwurst; Grillen; Mettigel; Schwein; lokales Stammessen; »Saufen«
2. Werte und Weltanschauungen
   - **Hilfsbereitschaft:** Menschen in Gefahr helfen; selbstlos helfen, Hilfsbereitschaft innen und außen; Zuverlässigkeit
   - **Disziplin:** Verlässlichkeit; Pünktlichkeit; Gehorsam; Befehlskette; »Hackordnung«/klare Hierarchie; Dienstgrade; freiwillige Unterordnung; Dienstwege; landesrechtliche Reglungen; Dienstvorschriften
   - **Kameradschaft:** Gemeinsamkeit; »Wir-Gefühl«; große Familie; Zugehörigkeit; Solidarität und Hilfe untereinander; Vertrauen; herzlich-rau; offen: alle dürfen mitmachen
   - **Lokalpatriotismus:** Territoriales Denken; Rivalität; »Mein Feuer, dein Feuer«
   - **Christlicher Bezug:** St. Florian; »Gott zur Ehr', dem Nächsten zur Wehr«; Segnung von Fahrzeugen
3. »Körper-Kultur«
   - **Uniformierte Kleidung:** einheitliche Dienstkleidung; Uniform mit Orden und Dienstgrad-Abzeichen; eigene Feuerwehr-Shirts; gepflegtes Auftreten; wenig Extravaganz/Glamour
   - **Körperspannung:** Fitness; aufrechte Haltung; »Brust raus, Bauch rein«; »Stramm stehen«; ernsthafte Mimik
   - **Körperschmuck:** Barterlass; keine Piercings
4. Kommunikative Muster und Sprechstile
   - **Direktheit:** klare und kurze Ansagen; Einsatzbefehle; kein bitte/danke; laut
   - **Fachsprache:** Abkürzungen; technische Sprache; Funksprache, eigene Sprache

3.3 Kultur der Feuerwehr

- **Sachlichkeit (im Einsatz):** eher sachlich, weniger emotional; nüchtern; Verzicht auf Höflichkeitsform; Funkdisziplin (Sie-Ebene); wenig Hektik
- **Beziehungsorientierung (intern):** herzlich-rau; Beziehungsebene in Verein und Kameradschaft; Einfluss von Dialekt

5. Dinge/Gegenstände
   - **Memorabilien:** historische Geräte; Bilder von Einsätzen und Veranstaltungen; Gruppenbilder; Pokale/Auszeichnungen/Abzeichen/Urkunden/Orden; »alter Kram«
   - **Symbole der Zugehörigkeit:** Helm, Fahne, Banner, Flagge; Stadtwappen; St. Florian; Ärmelabzeichen/Dienstgrade; 112 im Autokennzeichen; rotes Feuerwehrfahrzeug
   - **Vereinsheim:** »Floriansstübchen«; Theke/Kameradschaftspflege; Zapfanlage; Grill; Teeküche

Wie werden im kommenden Kapitel darstellen, welche Elemente von Feuerwehrkultur in kulturellen Überschneidungssituationen problematisch sein können, aber auch, an welcher Stelle sich Anknüpfungsmöglichkeiten bieten.

4 Interkulturelle Herausforderungen der Feuerwehr

Alexander Scheitza

Im vorangegangenen Kapitel haben wir festgestellt, dass die Feuerwehr den gesellschaftlichen Wandel der letzten Jahre nicht mitvollzogen hat. Der geringe Anteil von Migrant*innen in den eigenen Reihen lässt sich als Indiz für einen gewissen Abstand zum Thema kulturelle Vielfalt deuten. Viele Angehörige von Feuerwehren erleben diese wahrscheinlich in anderen privaten und beruflichen Zusammenhängen, jedoch nicht in ihrem Ehrenamt. In Hinblick auf den Brandschutz gilt aber vermutlich auch heute noch, was Schmidt et al. 2013 im Abschlussbericht ihres Forschungsprojekts »Rettung, Hilfe & Kultur« wiedergeben: Interkulturelle Kompetenz und Kommunikation betrifft alle und ist ein Querschnittsthema. Zurzeit gibt es aber noch zu viele »Schubladen« und Halbwissen (S. 19).

Im Folgenden wollen wir darlegen, in welcher Form kulturelle Faktoren auf die Arbeit der Feuerwehr einwirken. Wir richten den Blick dabei zum einen auf das Einsatzgeschehen und zum anderen auf den Bereich der Werbung und des Gewinnens neuer Mitglieder. Zunächst aber einige Worte zum Faktor Kultur.

4.1 Warum Kultur zu einer Herausforderung werden kann

Auf den Begriff Kultur sind wir im vorangegangenen Kapitel kurz in Zusammenhang mit der »Kultur der Feuerwehr« eingegangen. Um die Wirkung von Kultur auf die Feuerwehrarbeit zu verstehen, ist es nötig, einen vertiefenden Blick auf die Bedeutung von Kultur für das Verhalten von Menschen zu werfen.

Was verstehen wir unter Kultur?

Unter Kultur verstehen wir im vorliegenden Zusammenhang die Gesamtheit der Lebensäußerungen einer Gruppe. Damit sind Praktiken und Produkte gemeint, aber auch die Weltsichten und Wertorientierungen, die diesen zugrunde liegen. Jeder Mensch wird in eine Welt von Vorstellungen und Objekten hineingeboren und lernt lebenslang, aber besonders in der Kindheit und Jugend, sich in dieser Bedeutungs- und Handlungswelt zu orientieren. Im Laufe eines auch »Sozialisation« genannten

4.1 Warum Kultur zu einer Herausforderung werden kann

> Prozesses lernen Menschen banale Alltagstätigkeiten wie die richtige Form einer Begrüßung (z. B. Handschlag, Hand aufs Herz, Verbeugung, Küsse etc.) oder das korrekte Annehmen angereichter Dinge (z. B. mit einer Hand oder beiden Händen, mit Blickkontakt oder ohne, still oder wortreich). Neben solchen Konventionen des Handelns lernen sie auch, auf eine bestimmte Art und Weise die Welt wahrzunehmen sowie Vorstellungen über die eigene Person und das Miteinander mit anderen: Wie wichtig sind die eigenen Wünsche und Ziele? Sind wir die Schmied*innen unseres eigenen Glücks oder sind wir eher dem Schicksal oder anderen Mächten ausgeliefert? Welche Verpflichtung gibt es gegenüber Verwandten, den Eltern oder anderen Respektspersonen? Sollte man Gefühle in der Öffentlichkeit zeigen oder besser verbergen? Wir alle erwerben im Laufe unserer Sozialisation Vorstellungen und Techniken für die unterschiedlichsten Lebensbereiche.

Für ein harmonisches Leben in einer Gemeinschaft ist es hilfreich, dass sich diese Vorstellungen und Praktiken nicht zu sehr von Person zu Person unterscheiden. Ähnliche Vorstellungen zu haben bzw. die Vorstellungen eines Gegenübers und die Bedeutung seines Handelns zu verstehen, verringert Irritationen und Konflikte und vereinfacht das Zusammenleben. Überall auf der Welt haben Gruppen von Menschen Betrachtungsweisen, Wertvorstellungen, Normen und Konventionen entwickelt, die das Zusammenleben der Gemeinschaft organisieren. Dieser Prozess der »Kulturschaffung« hat kein Ende, weil sich zum einen Umweltbedingungen immer wieder verändern und eine Modifikation der Kultur erforderlich machen und zum anderen immer wieder Gruppenmitglieder die Sinnhaftigkeit des aktuellen Regel- und Bedeutungssystems in Frage stellen.

Gruppen von Menschen haben jedoch mitunter recht unterschiedliche Vorstellungen von angemessenem Verhalten und der »richtigen« Art des Zusammenlebens entwickelt. Um dies zu bemerken, reicht häufig ein Umzug an einen anderen Ort oder Veränderungen der beruflichen Tätigkeit: Die »Spielregeln« in der neuen Kultur sind plötzlich anders als die, die man kannte. Bei der Migration in einen anderen Staat und Sprachraum wird die Veränderung oft als besonders massiv erlebt, weil in der Regel viele Lebensbereiche betroffen sind und eine (zunächst) geringe Sprachfähigkeit es erschwert, sich die Funktionsweise des neuen Systems zu erschließen. Man spricht daher in diesem Zusammenhang auch von »Kulturschock«. Der Kontakt mit Menschen mit anderer kultureller Prägung fordert die verinnerlichten und oft für selbstverständlich gehaltenen Vorstellungen von Normalität heraus. Manche Menschen genießen und suchen solche »Grenz«-Erfahrungen. Sie eröffnen andere Perspektiven und schaffen mitunter neue Bezugspunkte oder Freiheiten. Für die meisten Betroffenen ist die neue Kultur aber zunächst befremdlich. Und nicht alle

Menschen, die in eine neue Kultur migriert sind bzw. aufgrund von Krieg und unerträglichen Lebensbedingungen fliehen mussten, haben die Möglichkeit oder das Bedürfnis, die Hintergründe der Wahrnehmungs-, Denk- und Verhaltensweisen der neuen Kultur besser kennen- und verstehen zu lernen.

Die in Deutschland lebenden Migrant*innen sind in ganz unterschiedlichem Maß mit der deutschen Kultur, d. h. mit den vorherrschenden Vorstellungen von sinnvollem oder »richtigem« Verhalten in bestimmten Situationen, vertraut. Dafür gibt es viele Gründe: Ist nur ein zeitlich befristeter Aufenthalt vorgesehen? Verbindet man persönliche Entwicklungsziele mit dem Leben in der neuen Kultur? Werden Möglichkeiten geboten, Sprache und Alltagskultur kennenzulernen? Fällt es der Person leicht, Neues zu lernen? Gibt es eine Lebensumgebung, die es möglich macht, nach den Vorstellungen und Gewohnheiten der Herkunftskultur zu leben und die daher nur wenig Auseinandersetzung mit der Mehrheitskultur erfordert? Die regelmäßigen Untersuchungen des Sinus-Instituts zeigen auf, wie sehr sich Migrant*innen in Deutschland unterscheiden und welche Milieus sich in den letzten Jahren herausgebildet haben (vgl. Hallenberg & Dettmer, 2018). Das Spektrum reicht von Menschen, die sich in ihren Werten, ihrem Denken und Handeln nicht von ihren deutschstämmigen Nachbarn unterscheiden, bis hin zu Personen, die sich von der Lebensweise der deutschen Mehrheitsgesellschaft deutlich abgrenzen und die Herkunftskultur (bzw. das, was sie dafür halten) bewahren und pflegen.

Die Bedeutung von kultureller Sozialisation im Notfallgeschehen

Je größer die Distanz zu den in Deutschland üblichen Denk- und Handlungsweisen, desto größer sind auch die interkulturellen Herausforderungen bei Einsätzen zur Brandbekämpfung oder zur technischen Rettung. Doch auch bei Menschen mit Migrationshintergrund, die als kulturell und sozial integriert wahrgenommen werden, kann es in Notfallsituationen zu Irritationen kommen. Dies hat mit einer universellen Eigenart des menschlichen Verhaltens zu tun: In Belastungssituationen aktiviert das Nervensystem ein »Notfallprogramm«. Wir sind dann nicht mehr die komplex und reflektiert denkenden Menschen, die wir sein können. Um uns und die, die uns wichtig sind, zu retten, verengt sich zum einen unsere Perspektive, wir bekommen einen »Tunnelblick«. Zum anderen greifen wir in solchen Situationen verstärkt auf Verhaltensmuster zurück, die wir früh erworben haben. Diese haben wir tief verinnerlicht und können sie daher mit wenig psychischer Energie abrufen. Die kulturelle Sozialisation unserer Kindheit hat also einen »langen Arm«, der besonders bei Notfalleinsätzen in Erscheinung treten kann.

4.2 Kulturelle Faktoren im Einsatzgeschehen

Erst in den letzten Jahren hat man begonnen, sich mit den interkulturellen Herausforderungen in Notfallsituationen zu befassen. Noch 2010 diagnostizierte Geenen den Organisationen im Bevölkerungsschutz eine »extensive […] Technikorientierung in der Katastrophenvorsorge und im Krisen- und Katastrophenmanagement unter weitgehender Ausblendung unterschiedlicher kultureller Interessen, Bedürfnisse und Kompetenzen in der Bevölkerung« (Geenen, 2010, S. 337).

Vor dem Hintergrund einer Fokussierung auf Technik überrascht es nicht, dass das Verhalten von Notfallbetroffenen mit Migrationshintergrund häufig als problematisch wahrgenommen wird und zusätzlichen Einsatzstress hervorruft. Bei einer Befragung von 701 deutschen Feuerwehrangehörigen im Jahr 2013 gaben 50,3 % an, dass sich betroffene Migrant*innen »oft inkorrekt« oder »immer inkorrekt« verhielten. Demgegenüber sahen lediglich 24 % der Befragten inkorrekte Verhaltensweisen bei Notfallbetroffenen ohne Migrationshintergrund (Schmidt & Galea, 2013). Offenbar entspricht das Verhalten der deutschstämmigen Bevölkerung bei Einsätzen eher den Vorstellungen der deutschen Rettungskräfte als das Verhalten von Menschen mit anderen kulturellen Wurzeln.

Das folgende Beispiel zeigt, wie sich kulturelle Faktoren bei der Brandbekämpfung bemerkbar machen und zur Wahrnehmung von »inkorrektem Verhalten« führen können.

> **Beispiel: Der Wohnungsbrand**
>
> In der Leitstelle geht ein Notruf ein. Der Anrufer spricht nur gebrochen Deutsch. Die Verständigung mit ihm fällt dem Einsatzbearbeiter schwer. Nach einigen Minuten meint dieser verstanden zu haben, dass es sich um einen unklaren Brand in einem Mehrfamilienhaus zu handeln scheint. Er beschließt, für einen Einsatz »Wohnungsbrand mit Menschenleben in Gefahr« die Feuerwehr zu alarmieren.
>
> Als die Feuerwehr am Ort des Geschehens eintrifft, stellt sie fest, dass es sich nur um einen kleinen Brand in der Küche der Erdgeschosswohnung handelt. Am Einsatzort haben sich bereits ungefähr 25 Personen versammelt – offensichtlich größtenteils Angehörige der in der Wohnung lebenden Familie. Aufgrund der Menschenmenge ist es schwer, die Fahrzeuge in die richtige Position zu bringen. Es wird wild gestikuliert, die Stimmung ist sehr emotional. Einige Personen versuchen mit Besen und einem Gartenschlauch das Feuer zu bekämpfen. Die Feuerwehr erkennt, dass sich das Feuer wohl aus einem längeren Schwelbrand entwickelt hat und man zunächst versucht hat, selbst zu löschen. Ein Mann kommt gerade mit einer Kiste aus dem Hauseingang. Ein anderer setzt sich gerade in Bewegung, um in das Haus hineinzulaufen. Damit die Feuerwehr ihre Arbeit machen kann, ruft der

4 Interkulturelle Herausforderungen der Feuerwehr

> Einsatzleiter diesen barsch zurück. Daraufhin wird die Stimmung der Anwesenden aggressiver. Ein junger Mann ruft den Feuerwehrangehörigen zu: »Haus kaputt, du kaputt.« Der Einsatzleiter beschließt, zur Sicherung der Löscharbeiten zusätzliche Polizeikräfte anzufordern.

Die folgenden Faktoren haben die Brandbekämpfung negativ beeinflusst:
- Die Feuerwehr wurde nicht schnell genug alarmiert, ein Eingreifen in der Entstehungsphase war dadurch nicht mehr möglich.
- Die sprachliche Verständigung mit Notfallbetroffenen, deren Erstsprache nicht Deutsch ist, ist schwierig. Sie führt zu Zeitverzögerungen und vergrößert die Wahrscheinlichkeit falscher Disposition.
- Eine große Menschenmenge am Einsatzort erschwert und verlangsamt die Abarbeitung des Einsatzes der Feuerwehr.
- Die emotionalisierte Stimmung am Einsatzort erhöht den Einsatzstress für die Feuerwehr.
- Notfallbetroffene wollen aktiv mithelfen und beeinträchtigen dadurch das gezielte Vorgehen der Feuerwehr.
- Notfallbetroffene halten sich im Gefahrenbereich auf bzw. bewegen sich zum Gefahrenbereich hin und erschweren damit die Tätigkeiten der Feuerwehr.
- Ordnungsrufe steigern die Emotionalität der Betroffenen und verstärken die angespannte Stimmung am Einsatzort.
- Die Feuerwehr fühlt sich bedroht, wodurch der Einsatzstress weiter ansteigt. Die Eigensicherung in die Wege zu leiten, kostet zusätzlich Zeit.

Kenntnisse über die möglichen Hintergründe des Verhaltens Notfallbetroffener können zum einen dabei helfen, den Einsatzstress zu reduzieren. Kennt man die Beweggründe, kann man zum anderen auch auf effektive Art und Weise intervenieren. In technischer Sprache ausgedrückt: Wer weiß, wo er/sie den Hebel ansetzen muss, erzielt die beste Wirkung. Wer den Hebel an der falschen Stelle ansetzt, bewirkt wenig. Im ungünstigen Fall verschlimmert sich sogar das Problem. Im Folgenden werden wir die aufgeführten Faktoren aus einer interkulturellen Perspektive analysieren und auf Grundlage dieser Analyse Interventionen beschreiben, die die Brandbekämpfung möglicherweise unterstützt hätten.

4.2 Kulturelle Faktoren im Einsatzgeschehen

Späte Alarmierung der Feuerwehr

Das freiwillige Feuerwehrwesen ist weltweit eine Seltenheit. Außer in Deutschland ist die Feuerwehr nur in Österreich, in der Schweiz, in Polen, Slowenien, Kroatien, in Teilen von Frankreich (Elsass) und Italien (Südtirol) sowie in Chile (dort übrigens von deutschen Einwanderern gegründet) hauptsächlich freiwillig organisiert. In vielen Herkunftsländern von Migrant*innen ist sie der Polizei oder dem Militär zugeordnet. Staatliche Institutionen werden dort nicht immer als Freund und Helfer aufgefasst. Mitunter haben Migrant*innen in ihren Herkunftsländern eigene Erfahrung von staatlicher Willkür gemacht oder ein negatives Bild von Staatsmacht hat sich durch Erzählungen und Berichte herausgebildet. Vor diesem Hintergrund wird der Kontakt zu Repräsentanten des Staates oft auf ein Minimum reduziert. Das Misstrauen gegenüber dem Staat ist aus einer deutschen Perspektive kaum nachvollziehbar: Es gibt Berichte über Rauchmelder, die in Mietwohnungen oder Flüchtlingsunterkünften außer Betrieb gesetzt wurden, weil die Bewohner*innen in den Geräten Überwachungskameras vermuteten.

Intervention: Hier ist grundlegende Aufklärungsarbeit über den deutschen Staat im Allgemeinen und das Feuerwehrwesen im Speziellen notwendig. Um Menschen mit Migrationshintergrund die Funktionsweise der Feuerwehr in Deutschland und das richtige Verhalten im Notfall zu erklären, sollten unterschiedliche Zugänge gewählt werden. Flyer, Broschüren, Websites oder Posts sollten in einfacher Sprache verfasst sein, die Inhalte möglichst mit Hilfe von Bildern veranschaulicht werden. Bei Texten in Herkunftssprachen sollte auf eine korrekte Übersetzung großen Wert gelegt werden. Wichtig ist es auch, Lesegewohnheiten zu berücksichtigen. Menschen aus dem arabischen Sprachraum haben gelernt, von rechts nach links zu lesen. Das ist bei der Faltung von Flyern, beim Setzen von Textabschnitten, bei Flussdiagrammen und auch bei Bildergeschichten zu beachten. Bild 10 zeigt eine Bildergeschichte, bei der, von rechts nach links betrachtet, eine fatale Botschaft gesendet wird: Wenn man 112 anruft, dann brennt es!

Kleine und heutzutage leicht zu produzierende Filme oder Erklärvideos können die Aufgaben der Feuerwehr auch ohne Schriftsprache anschaulich darstellen. Damit die genannten Informationen die Zielgruppe erreichen, sollte man deren Mediennutzung kennen und die in einer Community genutzten Medien für die Verbreitung der produzierten Materialien nutzen. Kommunale Integrationsbüros, Ausländer- bzw. Integrationsbeiräte, Kultur- oder Moscheevereine können dabei Hilfestellungen leisten. Zum Abbau von Vorbehalten sind persönliche Kontakte besonders hilfreich. Um einen Zugang zur Zielgruppe zu finden, bieten sich auch hier Kooperationen mit den genannten Einrichtungen an. Bei diesen Begegnungen sollte erkennbar werden, dass unter Feuerwehrhelm und Einsatzkleidung normale Bürger*innen stecken, die

4 Interkulturelle Herausforderungen der Feuerwehr

sich ehrenamtlich für Sicherheit, Rettung und Wohlergehen aller Bevölkerungsmitglieder gleichermaßen einsetzen.

Bild 10: *Eine Bildergeschichte, die missverstanden werden kann, wenn man sie von rechts nach links »liest«. (Die Bildergeschichte stammt aus einer Kampagne von 2010. Aktuelle Informationsmaterialien vermeiden in der Regel potenzielle Missverständnisse dieser Art indem die Bilder von oben nach unten angeordnet sind oder Pfeile die Leserichtung anzeigen.)*

Verständigungsschwierigkeiten mit Notfallbetroffenen

Sprachkenntnisse sind ohne Frage eine zentrale Voraussetzung für die Integration in eine neue Kultur. Je nach Aufenthaltsdauer, Talent und Motivation kann die Sprachfähigkeit von Migrant*innen sehr unterschiedlich ausgeprägt sein. Es wurde schon erwähnt, dass manche Zugewanderte in einem Wohnumfeld leben, in dem deutsche Sprachkenntnisse kaum benötigt werden. Im Fallbeispiel könnte es sein, dass der Anruf von einer Person getätigt wird, die in der familiären Gemeinschaft zwar für Außenkontakte zuständig ist, aber nicht über die besten Sprachkenntnisse der Anwesenden verfügt.

4.2 Kulturelle Faktoren im Einsatzgeschehen

Intervention: Die Vorteile des Spracherwerbs aufzuzeigen und Sprachkurse zu implementieren, die den Bedürfnissen und Möglichkeiten der Lernenden entgegenkommen sowie der Bildung ethnischer Ghettos in Städten entgegenzuwirken, sind komplexe politische Aufgaben, die außerhalb des Einflussbereichs der Feuerwehr liegen. Da die Feuerwehr zur Hilfeleistung verpflichtet ist, hat sie keine andere Wahl, als mit den Menschen, so wie sie sind, umzugehen. Das verlangt eine gewisse Anpassungsbereitschaft an die Möglichkeiten und Fähigkeiten unterschiedlicher Bevölkerungsgruppen. Idealerweise verfügen die Mitarbeiter*innen von Leitstellen über Fremdsprachenkenntnisse, um die Möglichkeiten sprachlicher Verständigung auszuweiten. Die in Leitstellen eingesetzte Abfragematrix sollte in einfacher Sprache verfasst sein und den Leitstellenmitarbeiter*innen auch die Möglichkeit bieten, zum Zwecke der Verständigung von vorgegebenen Strukturierungen abzuweichen und zu improvisieren. Im vorliegenden Fall wäre es z. B. wichtig, in Erfahrung zu bringen, ob es in der Nähe des/der Anrufer*in eine Person gibt, mit der eine Verständigung möglicherweise besser gelingt.

Große Menschenmenge am Einsatzort
Die meisten Migrant*innen in Deutschland stammen aus Kulturen, die man als wir-orientiert oder kollektivistisch bezeichnet (vgl. Hofstede et al., 2017; House et al., 2004; Trompenaars, 1993). Die deutsche Kultur wird hingegen als eher ich-orientiert bzw. individualistisch beschrieben. In individualistischen Kulturen sorgen sich die Menschen vorrangig um sich selbst und ihre nächsten Familienangehörigen. Selbstbestimmung und Selbstverwirklichung werden angestrebt. In kollektivistischen Kulturen sind Individuen emotional in Großfamilien, Clans oder anderen Mitgliedsgruppen integriert. Diese bieten den Einzelnen Schutz und Unterstützung, erwarten im Gegenzug aber auch Loyalität. Das für kollektivistische Kulturen typische umfangreiche soziale Netzwerk erklärt die hohe Anzahl an Personen am Einsatzort. Anders als bei den meisten deutschen Familien ist der Familienkreis ausgedehnt auf Onkel, Tanten und deren Familien, die häufig in der Nachbarschaft leben und zu denen enger Kontakt besteht. Am Schicksal eines Angehörigen der Großfamilie Anteil zu nehmen, ist eine Selbstverständlichkeit. Selbst Familienmitglieder, die sich von den Werten und Praktiken der Herkunftskultur entfernt haben, empfinden oft noch die soziale Verpflichtung, Angehörigen in Not beizustehen.

Intervention: Damit die Menschenmenge die Arbeit der Feuerwehr nicht behindert, muss man sie von den Rettungs- und Löscharbeiten fernhalten. Da bei den betreffenden Personen das Wissen über die Tätigkeiten der Feuerwehr gering ist und diese möglicherweise skeptisch betrachtet wird (s. o.), geschieht dies am einfachsten, wenn sich in der Menschengruppe Verbündete finden lassen. Zwei

»Funktionsträger« gilt es zu identifizieren: Erstens eine Person, mit der die sprachliche Verständigung möglichst gut funktioniert, und zweitens die einflussreichste Person in der Gruppe. Oft kommt nämlich in Situationen dieser Art ein weiterer kultureller Faktor ins Spiel: Innerhalb der Gruppen ist Macht ungleicher verteilt als dies in Deutschland üblich ist (in der interkulturellen Forschung wird dieser Kulturunterschied auch als niedrige oder hohe Machtdistanz bezeichnet; vgl. Hofstede et al., 2017). In öffentlichen Situationen ist es oft ein älterer Mann, dem als Familienoberhaupt besonderer Respekt gezollt wird und dessen Anweisungen besonderes Gewicht haben. Die Mitglieder folgen eher den Worten dieser Person als einem stichhaltigen Argument eines Außenstehenden. Auch wenn das Familienoberhaupt kein oder nur wenig Deutsch spricht, ist es wichtig, diese Person anzusprechen. Und am angemessensten ist dies, wenn dies der/die Leiter*in des Einsatzes tut. Der/die Anwesende mit den besten Deutschkenntnissen fungiert dabei als Übersetzer*in.

Emotionalisierte Stimmung am Einsatzort
Hier ist ein weiterer kultureller Unterschied am Werk: Während es in manchen Kulturen sozial akzeptiert ist, in der Öffentlichkeit Emotionen zu zeigen, gilt es in anderen Kulturen als angemessen, seine Gefühle zu kontrollieren (vgl. Trompenaars, 1993). In Deutschland neigt man dazu, Emotionen in der Öffentlichkeit für ein Zeichen von Schwäche zu halten, beherrschtes Verhalten gilt als professionell und wird geschätzt. Das zeigt sich in Redensarten wie »die Zähne zusammenbeißen« oder »Indianer kennen keinen Schmerz«. Diese kulturelle Prägung lässt Deutsche in Notfallsituationen eher zum Erstarren (englisch: freeze reaction) neigen, während zum Beispiel Menschen mit südeuropäischen, arabischen oder vorderasiatischen Wurzeln in Stresssituationen eher aktiver werden (englisch: Fight-or-flight reaction). Neben kulturell geprägten Orientierungen kann außerdem ein weiterer Faktor ins Spiel kommen: Menschen, die sich nicht gut sprachlich ausdrücken können, verstärken meist die non-verbalen Anteile der Kommunikation. Die eigene Befindlichkeit und die Wünsche, die man hat, werden statt durch Worte durch Mimik, Gestik und physische Handlungen ausgedrückt. Da sich Einsatzroutinen der Feuerwehr auf der Grundlage von Erfahrungswerten mit der deutschstämmigen Bevölkerung (gute Sprachfähigkeit, zurückhaltendes Zeigen von Gefühlen) entwickelt haben, stellen »unruhige« Menschen bei Einsätzen eine Herausforderung dar, auf die die Einsatzkräfte der Feuerwehr oft nicht gut vorbereitet sind. Bei den Helfer*innen setzt sich dann eine ganz ähnliche Dynamik in Gang wie bei den Notfallbetroffenen: Bedrohungsgefühle und der Eindruck, zu wenig oder nichts gegen diese Bedrohung tun zu können, erhöhen den Stress (vgl. Hannig et al., 2016).

4.2 Kulturelle Faktoren im Einsatzgeschehen

Intervention: Um sich von der emotionalisierten Stimmung am Einsatzort möglichst wenig beeinträchtigen zu lassen, ist es hilfreich, diese nicht aus der Perspektive der deutschen Kultur zu interpretieren. Wenn man sich der Tatsache bewusst ist, dass Emotionen in anderen Kulturen offener und auch schon bei geringerem Erregungsniveau gezeigt werden, fällt es leichter, selbst die Ruhe zu bewahren. Um die Unruhe der Anwesenden zu reduzieren, hilft es, deren emotionale Äußerungen als Form der »Selbstoffenbarung« zu verstehen (vgl. Schulz von Thun, 2010): Durch ihre Emotionen teilen die Anwesenden im Fallbeispiel etwas über ihre aktuelle Befindlichkeit, ihre Gefühle, mit. An erster Stelle steht vermutlich die Angst um die Angehörigen und womöglich auch Sorgen hinsichtlich drohender materieller Verluste. Statt auf die Emotionen zu reagieren, sollten die Feuerwehrangehörigen die Gefühle in den Blick nehmen, die sich hinter den Emotionen verbergen. Mag der Ausdruck von Emotionen auch fremd, übertrieben und besorgniserregend sein, die dahinter liegenden Ängste und Sorgen sind vermutlich jedem Feuerwehrmann und jeder Feuerwehrfrau vertraut. Um die Anwesenden zu beruhigen, sollte Verständnis für deren Stimmung signalisiert und kommuniziert werden, dass man sein Möglichstes zur Rettung tun wird. Auch hier kann es sinnvoll sein, die ranghöchste Person der Gruppe anzusprechen. Gewinnt diese den Eindruck, dass die Gefühle und Anliegen verstanden worden sind und die Feuerwehr auf der Seite der Gefährdeten steht, wird er (oder manchmal auch sie) seine/ihre Angehörigen zu einem ruhigeren Verhalten aufrufen. Die Emotionen der Anwesenden zu ignorieren, ist meist keine gute Idee. Wer sich nicht gesehen fühlt, wird dem Ausdruck seiner Befindlichkeit noch mehr Nachdruck verleihen. Besonders problematisch wäre es, sich von den Emotionen der Anwesenden anstecken zu lassen und selbst emotional zu agieren, indem man zum Beispiel seinem Ärger über die Behinderung am Einsatzort Luft macht. Mit hoher Wahrscheinlichkeit entwickelt sich daraus ein Konflikt zwischen Anwesenden und Feuerwehr. Im schlimmsten Fall eskaliert dieser weiter und bindet bei den Einsatzkräften Energien, die für eine erfolgreiche Rettung und Brandbekämpfung dringender benötigt werden.

Unerwünschte Mithilfe von Notfallbetroffenen
Durch das freiwillige Feuerwehrwesen gibt es in Deutschland eine hohe Zahl kompetenter Einsatzkräfte. Es gibt ein dichtes Netz an Orts- oder Stadtteilfeuerwehren, deren technische Ausstattung in der Regel gut und modern ist. Und auch in einsatztaktischer Hinsicht ist die deutsche Feuerwehr weiter entwickelt als Rettungskräfte in den meisten anderen Ländern. In den Herkunftsländern von Migrant*innen gibt es eine entsprechende Professionalität der Feuerwehr, wenn überhaupt, nur im großstädtischen Bereich (siehe Bild 11). Aufgrund ihrer schlechteren technischen und

personellen Ausstattung sind Feuerwehren in vielen Ländern auf Unterstützung aus der Bevölkerung angewiesen (siehe Bild 12). Es ist gut möglich, dass die Anwesenden im Fallbeispiel es für selbstverständlich halten, den Rettungskräften zu helfen.

Bild 11: *Ein Mercedes Kurzhauber TLF 16 (oder umgebautes LF 16), der Anfang der 1970er Jahre gebaut wurde und heute in der ugandischen Hauptstadt Kampala im Einsatz ist (das Bild stammt aus dem Jahr 2014). Auf dem Kfz-Kennzeichen stehen die Buchstaben UP für Uganda Police. Die Person im Vordergrund gehört der Feuerwehreinheit der ugandischen Polizei an und trägt die übliche Polizeiuniform. (Quelle: H. H. Staude)*

Intervention: Grundsätzlich ist hier präventive Aufklärungsarbeit über das Feuerwehrwesen in Deutschland gefordert, wie sie schon weiter oben beschrieben wurde: Mit Hilfe von Medien, die die Zielgruppe nutzt, sollte von der betreffenden Kommune oder der Feuerwehr selbst über die Rolle der Feuerwehr im Gemeinwesen, ihren Zuständigkeitsbereich und ihre Kompetenz informiert werden. Persönliche Kontakte zu Migrant*innen-Communities sollten geknüpft werden, um die Arbeitsweise der Feuerwehr darzustellen und Vertrauen auszubauen. In der aktuellen Situation wäre es wichtig, die Hilfsbereitschaft der Beteiligten zu würdigen, aber sachlich und nüchtern auf die Notwendigkeit ungestörten Arbeitens hinzuweisen.

4.2 Kulturelle Faktoren im Einsatzgeschehen

Bild 12: *Jeder hilft mit: Anwohner halten nach einem Flugzeugunglück in der nigerianischen Wirtschaftsmetropole Lagos einen Löschschlauch in die Höhe (Quelle: picture alliance / REUTERS / AKINTUNDE AKINLEYE).*

Im Idealfall verfügt die Feuerwehr über eine Person, die in der Lage ist, diese Informationen den Anwesenden in ihrer Herkunftssprache zu vermitteln. Ein barsch und unfreundlich klingender Tonfall sollte vermieden werden, da er als Provokation empfunden werden kann. Auch hier ist es wieder sinnvoll, mit der ranghöchsten Person der Anwesenden in Kontakt zu treten und diese als Verbündete für die Durchsetzung der eigenen Ziele zu gewinnen. Eventuell kann man Angehörigen auch Aufgaben geben, mit denen sie einen sinnvollen Beitrag zur Einsatzbewältigung leisten und diese nicht behindern (z. B. Ansprechpartner für die Einsatzleitung sein, die Betreuung älterer betroffener Personen bzw. von Kindern oder Verpflegung organisieren).

Notfallbetroffene im Gefahrenbereich
Aufgrund fehlender Flammen unterschätzen Laien oft die Gefahren von Schwelbränden. Rauch wird für weniger gefährlich gehalten als Flammen. Fataler weise hält man es für möglich, sich dem Brandherd ohne größere Gefahr zu nähern. Neben dieser, von kulturellen Hintergründen weitgehend unabhängigen, Fehleinschätzung spielt auch hier wieder die Unkenntnis über die Arbeit der Feuerwehr eine Rolle. Unter Umständen kommt fehlendes Vertrauen hinzu: Wer die Feuerwehr als feindlich gesinnte Vertreter der Staatsmacht versteht, unterstellt ihr möglicherweise auch inkorrektes Verhalten bei der Brandbekämpfung und versucht selbst zu retten, was zu retten ist.

Intervention: Der Gefahrenbereich sollte abgesperrt, ein Sammelplatz eingerichtet und von einer besonnenen Einsatzkraft beaufsichtigt werden. Wichtig ist es, das Vorgehen immer wieder sachlich zu erläutern und durch ruhiges, souveränes Handeln Kompetenz auszustrahlen. Ist die Einsatzleitung in andere Aufgaben eingebunden, sollte sie nach Möglichkeit den direkten Kontakt mit den Notfallbetroffenen einem/er Kamerad*in überlassen, der/die auch in angespannten Situationen Ruhe bewahrt und durch seine/ihre Körpersprache Sicherheit und Vertrauen ausstrahlt. Es wurde schon mehrfach darauf hingewiesen, dass es ungemein nutzbringend ist, Verbündete unter den Anwesenden zu finden. In der Tat ist dies ein Schlüsselfaktor für die erfolgreiche Bewältigung interkultureller Einsatzsituationen. Wäre dies im vorliegenden Fall gleich zu Beginn gelungen, hätten sich einige weitere Herausforderungen gar nicht entwickelt bzw. hätte man diesen in einem frühen Stadium begegnen können.

Ordnungsrufe heizen die Stimmung an
Der Feuerwehr ist es nicht gelungen, das Vertrauen der Notfallbetroffenen zu gewinnen. Durch seinen Ordnungsruf versucht der Einsatzleiter die Situation in den Griff zu bekommen. Möglicherweise leistet er damit einer Sich-selbst-erfüllenden-Prophezeiung Vorschub: Viele Migrant*innen sehen sich in Deutschland als Bürger zweiter Klasse. Diesem Eindruck können Erlebnisse von tatsächlicher Diskriminierung zugrunde liegen. In manchen Fällen kann es sich aber auch um gefühlte Ungleichbehandlung handeln. Ein kurzes Beispiel: Ein afrikanischer Student wähnt sich aufgrund seiner kulturellen Herkunft oder Hautfarbe unfreundlich, gar rassistisch behandelt, weil an der Bushaltestelle einer deutschen Universitätsstadt keiner der Wartenden seinen morgendlichen Gruß erwidert. Es ist ihm nicht bewusst, dass das Begrüßen von Unbekannten in Deutschland ungewöhnlich ist und die Reaktion der Anwesenden bei einem weißen, deutschstämmigen Studenten höchstwahrscheinlich identisch gewesen wäre. Egal ob Benachteiligung objektiv erlebt oder nur subjektiv empfunden wurde: Ein negatives Bild der (vermeintlichen) »Täter*innen« entsteht und es gehört zur menschlichen Natur, dass man eher nach Bestätigung als nach der Widerlegung solcher Bilder sucht. Vor diesem Hintergrund wird der barsche Ordnungsruf des Einsatzleiters unter Umständen als Beleg für die Unfreundlichkeit und Ungleichbehandlung von Deutschen gedeutet. Der Ordnungsruf bewirkt also das Gegenteil von dem, was er bewirken sollte. Er heizt die Stimmung weiter auf.

Intervention: Der Ordnungsruf war im vorliegenden Fall ein Fehler, der zu einer weiteren Eskalation der Situation beiträgt. Bei der Analyse des Fallbeispiels haben wir vermutet, dass die Feuerwehr von den Anwesenden mit Migrationshintergrund skeptisch gesehen wird und diese anfängliche Skepsis im Verlauf möglicherweise zu Feindseligkeit anwächst. Auch Feuerwehrangehörige gehen oft nicht offen und neutral in das Einsatzgeschehen, sondern haben bereits Bilder im Kopf von dem, was sie in einem bestimmten Stadtviertel oder bei Betroffenen mit einem nicht deutsch klingenden Namen erwartet. Genauso wie die Betroffenen und Angehörigen im Fallbeispiel, neigen auch die Einsatzkräfte dazu, Bestätigung für ihre Vorstellungen zu finden. Dies kann jedoch ihr professionelles Handeln beeinträchtigen. Die Mitglieder der Einsatzabteilung einer Feuerwehr sind die Experten für Notfälle, die Betroffenen

4.2 Kulturelle Faktoren im Einsatzgeschehen

sind dies nicht. Die sicher nicht leichte Aufgabe, eine negative Dynamik am besten erst gar nicht entstehen zu lassen oder diese, wenn sie entstanden ist, zu durchbrechen, ist daher in erster Linie die Aufgabe der Notfallexpert*innen. Das bedeutet, möglicherweise vorhandene Vermutungen beiseite zu legen und im Wortsinne »vorbehaltslos« mit den Notfallbetroffenen umzugehen. Auf diese Weise gelingt es besser, eine »Compliance« zwischen Retter*innen und Betroffenen herzustellen und damit die Voraussetzungen für eine erfolgreiche Einsatzbewältigung zu schaffen.

Bedrohungsgefühle bei der Feuerwehr
Die Feuerwehr im Fallbeispiel ist offensichtlich nicht in der Lage, psychosoziale und kulturelle Faktoren im Einsatzgeschehen zu erkennen und auf diese angemessen einzugehen. Sie fokussiert einseitig auf die technischen Aspekte der Rettung. Durch den Ordnungsruf eskaliert die Situation weiter. Der Satz »Haus kaputt, du kaputt« wird als Bedrohung der eigenen Sicherheit interpretiert. Möglicherweise ist er aber nicht so wörtlich gemeint, wie er von der Feuerwehr verstanden wird. Die Ausdrucksweise lässt erkennen, dass der Sprecher nur über eingeschränkte Deutschkenntnisse verfügt. Für eine Botschaft, die ein deutscher Empfänger für angemessen hielte, fehlen ihm vermutlich die sprachlichen Mittel. Wahrscheinlich ist diese Botschaft in erster Linie ein Appell. Gewalt gegen Einsatzkräfte mag es in sehr seltenen Fällen geben (oft sind dann Drogen oder psychische Erkrankungen mit im Spiel), vermutlich ist mit den Worten hier aber eine Aufforderung im Sinne von »Strengt euch an!« gemeint.

Noch ein weiterer Gedanke: In wir-orientierten, kollektivistischen Kulturen ist es wichtig, zu zeigen, wie sehr man sich für die Interessen und das Wohlergehen der Gruppe einsetzt. Der Ausruf richtet sich zwar vordergründig an die Rettungskräfte, er erfüllt aber auch einen Zweck in Hinblick auf die Angehörigen, die den Sprecher umgeben. Dieser macht durch seine Worte deutlich, wie wichtig ihm das Wohlergehen der Gruppe ist und stellt sich den Mitgliedern der Großfamilie als besonders »gutes« Gruppenmitglied dar.

Intervention: Der Ruf nach der Polizei ist angesichts der sich emotional zuspitzenden Situation nachvollziehbar. Versteht man aber die kulturelle Funktion des Satzes »Haus kaputt, du kaputt«, kann die Einsatzleitung gelassener bleiben und muss die Eskalationsspirale nicht unbedingt weiter fortführen. Der Ausruf bietet eine Möglichkeit, mit den Anwesenden in einen Dialog zu treten, der dem Geschehen noch eine positive Wendung geben könnte. Statt auf die bedrohlichen Worte, sollte die Feuerwehr auf den dahinter verborgenen Appell reagieren. Die passende Reaktion wäre dann ein Satz wie »Wir tun unser Möglichstes, um Ihr Haus/Ihre

Angehörigen zu retten.« Daran anschließen ließe sich »… und Sie können uns auf folgende Weise dabei helfen: …«. Auf diese Weise kann es gelingen, den Aktivitätsdrang mancher Anwesenden in eine für die Einsatzbewältigung hilfreiche Richtung zu lenken.

4.3 Kulturelle Faktoren bei Mitgliedergewinnung und Mitgliederhaltung

Wie wir in Kapitel 3 dargestellt haben, gewinnt die Freiwillige Feuerwehr ihre Mitglieder hauptsächlich aus der nachfolgenden Generation langjähriger Mitglieder. In der Regel beginnt eine Feuerwehrkarriere in jungen Jahren und führt über eine Mitgliedschaft in einer Kinder- bzw. Jugendfeuerwehr in die Einsatzabteilung. Dadurch, dass Kinder aus Feuerwehrfamilien ihre Freund*innen zu den Ausbildungs- und andere Freizeitaktivitäten der Kinder- und Jugendfeuerwehren mitbringen, fasst das Feuerwehrwesen auch in Familien ohne eigene Feuerwehrgeschichte Fuß. Das Einzugsgebiet für die Mitgliedergewinnung bleibt jedoch begrenzt und dieser informelle Ansatz scheint bei vielen Feuerwehren heutzutage nicht mehr auszureichen, um die Alarmbereitschaft langfristig sicherzustellen. Lokale oder überregionale Kampagnen, die über verschiedene Medien (Plakate, Flyer, Broschüren, Websites, Portale etc.) versuchen, Feuerwehrarbeit darzustellen und zum Mitmachen zu motivieren, haben den Mitgliederschwund bislang nicht aufhalten können. Der weiterhin sehr geringe Anteil von Mitgliedern mit Migrationshintergrund zeigt, dass es offensichtlich ebenfalls nicht gelungen ist, in andere soziale und kulturelle Milieus vorzudringen.

Die Strategien, die die Feuerwehr bei ihrer Außendarstellung und Werbung einsetzt, gründen auf bestimmten kulturellen Vorstellungen und Annahmen. Im Folgenden werden wir diese beschreiben und ihnen Orientierungen und Vorlieben gegenüberstellen, die in migrantischen Milieus häufig vorzufinden sind.

Sachinformationen oder persönlicher Kontakt?
Wie erwähnt, sind bei Migrant*innen Unwissen und Skepsis gegenüber der Feuerwehr keine Seltenheit. Um Wissenslücken zu schließen und Vertrauen herzustellen, gibt es – grob verallgemeinert – zwei Wege: Durch Zahlen, Daten und Fakten (»ZDF-Ansatz«) kann man die Aufgaben und die Funktionsweise der Feuerwehr darstellen. In Deutschland haben Informationen dieser Art einen hohen Stellenwert: Man hat eine Art Grundvertrauen, dass Inhalte, die »schwarz auf weiß« verfasst und ver-

4.3 Kulturelle Faktoren bei Mitgliedergewinnung und Mitgliederhaltung

öffentlicht werden, im Großen und Ganzen korrekt sind (und dass es bemerkt und korrigiert wird, wenn dies einmal nicht der Fall ist). Ausführliche Sachinformationen steigern also das Vertrauen. Betrachtet man die Aufrichtigkeit eines Systems und seiner Institutionen eher skeptisch, entsteht Vertrauen hingegen eher über persönliche Kontakte. Um sich ein Urteil zu bilden und Zutrauen zu gewinnen, möchte man Menschen »aus Fleisch und Blut« kennenlernen. Für die Mitgliederwerbung der Feuerwehr heißt das, den zwischenmenschlichen Kontakt zu suchen. Vertrauenswürdigkeit entsteht, indem man die Person unter dem Feuerwehrhelm kennenlernt, und zwar nicht nur auf das Feuerwehrengagement beschränkt: Berufliche Erfahrungen, die familiäre Situation, aber natürlich auch eine Schilderung des eigenen Wegs zur Feuerwehr unterstützen den Aufbau einer Beziehung zum Gegenüber.

Teilweise auch persönliche Informationen mit Fremden zu teilen, mag aus einer deutschen kulturellen Perspektive ungewöhnlich, vielleicht auch unangemessen erscheinen. Aus anderen kulturellen Perspektiven ist ein »Sich-beschnuppern« und das möglichst umfangreiche Kennenlernen einer Person die Voraussetzung für den Aufbau von Vertrauen. Das in manchen Kulturen übliche gemeinsame Teetrinken verfolgt oft genau diesen Zweck. Beziehungsaufbau dieser Art kostet nicht nur gelegentlich Überwindung, weil sich die Grenzen von Privatheit verschieben, sondern erfordert auch Zeit und Geduld. Diese Investition kann aber sehr lohnenswert sein. Menschen, denen man ein positives Bild der Feuerwehr vermitteln konnte, werden Verwandten und Bekannten darüber berichten oder auch Kontakte zu weiteren Personen vermitteln, die möglicherweise Gefallen an einem Engagement bei der Feuerwehr finden könnten. Ist es gelungen, einzelne Vertreter einer bestimmten kulturellen Community für die Feuerwehr zu gewinnen, wird die Werbung weiterer Mitglieder meist einfacher: Diejenigen, die den Weg zur Feuerwehr gefunden haben, werden als Identifikationsfiguren wahrgenommen und sind anschauliche Beispiele einer gelungenen Integration in die Feuerwehr.

»Komm-Struktur« oder »Geh-Struktur«?
Mit dem Ziel, die eigene Arbeit darzustellen und damit – direkt oder indirekt – für ein Engagement bei der Feuerwehr zu werben, veranstalten viele Feuerwehren Tage der offenen Tür oder wirken an Dorf- oder Stadtteilfesten mit eigenen Ständen mit. Daneben wird versucht, mit lokalen oder überregionalen Kampagnen neue Milieus anzusprechen und so neue Mitglieder zu gewinnen. All diese Bemühungen entsprechen eher dem, was in der Sozialen Arbeit als »Komm-Struktur« bezeichnet wird: Es wird davon ausgegangen, dass eine Zielgruppe aktiv den Kontakt sucht bzw. Informationsangebote wahrnimmt. Dieser Ansatz entspricht einer kulturellen Orientierung, bei der Privatsphäre eine wichtige Rolle spielt. Man möchte niemanden

stören oder zu nahe treten und nimmt deswegen eine abwartende Haltung ein. »Komm-Strukturen« sind erfolgreich bei Menschen, die über Vereine und ehrenamtliches Engagement Bescheid wissen und die es gewohnt sind, ihr Leben aktiv zu gestalten, persönliche Interessen zu entwickeln und zu deren Umsetzung selbst die Initiative zu ergreifen. Personen, die in einer anderen kulturellen Umwelt sozialisiert sind, wissen oft weniger über die Möglichkeiten ehrenamtlichen Engagements (siehe Kapitel 3). Unter Umständen sind sie es auch weniger gewohnt, individuell die Initiative zu ergreifen. In diesen Fällen wäre eine »Geh-Struktur« zielführender, bei der man sich aktiv in die Lebenswelt einer Zielgruppe begibt, um die Arbeit der Feuerwehr darzustellen.

Für eine aufsuchende Mitgliederwerbung gibt es zwei Varianten: Zum einen kann man von Haustür zu Haustür gehen, um über die Feuerwehr zu informieren. Häufig werden sich die Türen öffnen, denn spontane Besuche werden in den Herkunftskulturen oft als weniger ungewöhnlich empfunden als bei deutschen Familien. Diese Strategie bietet sich vor allem für ländliche Regionen an. Zum anderen kann man den Kontakt zu Migrant*innen über deren Selbstorganisationen (z. B. Kulturvereine, Moscheevereine) suchen, die es in den meisten Groß- und Mittelstädten gibt. Die Ansprechpersonen dieser Organisationen können Feuerwehrvertreter*innen Zeit und Raum für eine Darstellung ihrer Arbeit bieten. Außerdem können sie als Multiplikator*innen Informationen über die Feuerwehr in ihrem Einzugsbereich weitergeben. Eine langfristige Vernetzung mit Organisationen dieser Art hilft dabei, Barrieren auch nachhaltig abzubauen.

Müssen die Kinder oder die Eltern von der Kinder- oder Jugendfeuerwehr überzeugt werden?
Im Zusammenhang mit dem Phänomen der Gruppenbildung am Einsatzort haben wir erwähnt, dass viele Migrant*innen in Deutschland aus Kulturen stammen, die eher wir-orientiert funktionieren. Zusammenhalt und Loyalität sind hier wichtiger als Selbstverwirklichung. Diese Orientierung hat auch Konsequenzen für die Mitgliederwerbung und zwar insbesondere für die Werbung von Kindern und Jugendlichen für die Feuerwehr. In der deutschen Mehrheitsgesellschaft neigt man dazu, die Selbständigkeit von Kindern schon früh zu fördern. Eigene Interessen zu entwickeln und diesen nachzugehen, wird in ich-orientierten Systemen positiv gesehen. Einem Kind, dass – z. B. nach einem Besuch eines Tages der offenen Tür – ganz begeistert von der Feuerwehr ist, werden nur wenige Eltern den Wunsch nach einer Schnupperteilnahme bei der Kinder- oder Jugendfeuer verweigern. In einem wir-orientierten Umfeld wird die Entwicklung und Verwirklichung individueller Ideen und Wünsche weniger stark gefördert. Für eine Entscheidung zur Teilnahme an Feuerwehraktivi-

4.3 Kulturelle Faktoren bei Mitgliedergewinnung und Mitgliederhaltung

täten ist nicht nur der Wunsch des Kindes, sondern in stärkerem Maße auch das Einverständnis der Eltern wichtig. Da das Eingebundensein in »Wir-Strukturen« zur Folge hat, dass Entscheidungen nach den (vermuteten) Bewertungen des sozialen Umfelds ausgerichtet werden, gilt es, die Eltern zu überzeugen, dass es sich bei einem Engagement bei der Feuerwehr um eine angesehene Tätigkeit handelt und das Kind dort in guten Händen ist. Da nur wenig Wissen über das freiwillige Feuerwehrwesen in Deutschland vorausgesetzt werden kann, wird Aufklärungsarbeit zu leisten sein, um die Bedeutung ehrenamtlichen Engagements für das Gemeinwesen darzustellen. Dabei bietet der Gemeinschaftsgedanke, der ja ein Kernelement der Feuerwehrkultur ist, gute Anschlussmöglichkeiten an wir-orientierte Neigungen. Um Sorgen hinsichtlich einer unangemessenen Betreuung entgegenzuwirken, sollten die Vertreter*innen der Feuerwehr, die in Kontakt zu den Eltern treten, Lebenserfahrung und Seriosität ausstrahlen.

Es ist eine häufige Fehlannahme, dass in Familien aus muslimischen Ländern einzig die Väter Entscheidungen treffen. Es sind zwar oft die Väter, die eine Familie bzw. das Elternpaar nach außen repräsentieren. Für familiäre Binnenthemen, wie z. B. finanzielle Fragen oder auch Entscheidungen, die die Kinder betreffen, sind jedoch oft vorrangig die Mütter zuständig. Für die Werbung von Kindern oder Jugendlichen heißt das, dass vor allem auch die Mütter für die Idee eines Feuerwehrengagements ihrer Kinder gewonnen werden müssen. Den Kontakt zu Müttern herzustellen, gelingt Frauen in der Regel besser als Männern. Es empfiehlt sich daher, für die Mitgliedergewinnung in entsprechenden kulturellen Milieus auch erfahrene Feuerwehrfrauen (im Idealfall solche mit eigenen Kindern in der Kinder- oder Jugendfeuerwehr) einzusetzen.

Selbstdarstellung: Zivil, Uniform oder Einsatzkleidung?
Auch die Kleidung sendet eine Botschaft. Stehen Feuerwehrangehörige in Einsatzkleidung vor der Haustür, liegt die Vermutung nahe, dass sie sich in einem Einsatz befinden. Auch wenn der Helm abgenommen ist, kann das Beunruhigung auslösen. Bei einem Tag der offenen Tür oder einer Informationsveranstaltung kann das Tragen von Einsatzkleidung aber auch Vorteile haben, weil es dazu beiträgt, die Aufgaben der Feuerwehr zu veranschaulichen. Dabei ist es jedoch hilfreich, wenn vor und nach einer Präsentation auch der Mensch unter dem Helm erkennbar wird. Die hessische Kampagne »1+1=2 – Eine starke Verbindung« (https://feuerwehr.hessen.de/ehrenamt/kampagne-und-projekte/„112---eine-starke-verbindung") zeigt beispielhaft, wie dargestellt werden kann, dass es in erster Linie ganz normale Menschen sind, die sich für Brand- und Katastrophenschutz einsetzen.

Ein uniformiertes Auftreten bei der Mitgliederwerbung betont die Zugehörigkeit zu einer Institution. Jenseits eines Einsatzgeschehens senden Uniformen aber auch ein Signal der Abgrenzung. Sie vermitteln den Eindruck einer »geschlossenen Gesellschaft«. Wie bereits erwähnt, kann die deutsche Feuerwehr unzutreffender Weise als Teil einer skeptisch betrachteten Staatsmacht wahrgenommen werden. Das Auftreten in Uniform würde dieses Vorurteil bestätigen. Seit die Uniformen der Polizei dunkelblau oder schwarz sind, ist es für Laien schwieriger geworden, die Vertreter beider Institutionen zu unterscheiden. Feuerwehrangehörige in Uniform müssen damit rechnen, falsch einsortiert und mit der Polizei verwechselt zu werden.

Während ein Auftreten in Uniform nicht-gewünschte Assoziationen hervorrufen kann, vermittelt zivile Kleidung eine gewisse Beliebigkeit. Welche Absichten hinter einer Kontaktaufnahme stehen, ist bei einem Auftritt in Alltagskleidung zunächst unklar. Um als Feuerwehr erkennbar zu sein, ohne dabei militärisch (oder polizeilich) zu wirken, bietet sich die Feuerwehr-Freizeitkleidung an, über die die meisten Feuerwehren verfügen. Ein Polohemd oder eine Jacke mit dem Emblem der lokalen Feuerwehr demonstriert die institutionelle Zugehörigkeit, die individuelle Wahl von Hosen und Schuhen lässt die Feuerwehrvertreter*innen daneben aber auch als Mitglieder der Zivilgesellschaft erkennen.

Sachlich-nüchterne oder bunte und anschauliche Informationsmaterialien?
Wir haben bis hierhin die Bedeutung des persönlichen Kontakts bei der Mitgliederwerbung herausgestellt. Das bedeutet nicht, dass schriftliche Informationsmaterialien oder auch kleine Giveaways sinnlos oder überflüssig sind. Diese tragen dazu bei, dass der persönliche Kontakt in Erinnerung bleibt und auch wichtige Informationen bei Bedarf nachgelesen werden können. Wie Flyer und Broschüren, aber auch Plakate oder Websites gestaltet werden müssen, um ansprechend zu wirken, ist jedoch kulturell unterschiedlich. Mit solchen Unterschieden in der Wahrnehmung von Informationen und Produkten beschäftigt sich das sogenannte Ethno-Marketing. Im Vergleich zu südlichen Ländern sind gedruckte Werbematerialien, aber auch Websites in Deutschland durch eine gewisse Nüchternheit gekennzeichnet. Ein dezenter Einsatz von Farben und ein übersichtliches, geordnetes Erscheinungsbild gelten als Zeichen von Seriosität. Die Mediengestaltung in vielen Herkunftsländern von Migrant*innen ist deutlich bunter und plakativer, was – aus deutscher Perspektive – zu Lasten von Struktur und Klarheit geht.

Ein weiterer Aspekt: In Deutschland gilt die Bereitschaft, sich durch trockenes Textmaterial zu arbeiten als vergleichsweise hoch. Wer dies jedoch nicht gewohnt ist, wird entsprechende Materialien schnell beiseitelegen und zwar auch dann, wenn diese in der Muttersprache verfasst sind. Grundsätzlich helfen visuelles Material,

4.3 Kulturelle Faktoren bei Mitgliedergewinnung und Mitgliederhaltung

grafische Darstellungen, aber vor allem auch Bilder dabei, Themen zu veranschaulichen. Personen, die eine Zielgruppe gut kennen, können dabei helfen, sicherzustellen, dass bildliche Darstellungen angemessen sind, richtig verstanden werden und keine Tabus berühren.

Kulturfairness in der Personalauswahl: Eine Herausforderung für die Berufsfeuerwehr

Für die Berufsfeuerwehr stellt sich die Frage der Rekrutierung von Personal auf eine andere Art. Der Weg zur Feuerwehr führt hier über eine Stellenausschreibung und eine anschließende Auswahl von Bewerber*innen. Mittlerweile ist es in öffentlichen Verwaltungen üblich, Menschen mit Migrationshintergrund explizit zu einer Bewerbung zu ermutigen. Bei der Auswahl zukünftiger Mitarbeiter*innen kommen in der Regel anforderungsorientierte Verfahren zum Einsatz. Tests sollen über die Eignung der Bewerber*innen für einen Tätigkeitsbereich Aufschluss geben.

In den letzten Jahren hat man jedoch erkannt, dass die in einer anforderungsorientierten Eignungsdiagnostik eingesetzten Verfahren keineswegs kulturneutral sind, sondern dass sie Bewerber*innen mit Migrationshintergrund systematisch benachteiligen (vgl. Stumpf et al., 2016). Beispielsweise war die Erfolgsquote von Kandidat*innen mit Migrationshintergrund in einem Auswahlverfahren für den Polizeidienst trotz gleicher Zugangsvoraussetzungen nur halb so hoch wie bei deutschstämmigen Bewerber*innen. Die Indizien sprechen für zwei Faktoren, die benachteiligend wirken: Sprache und Kultur. Kandidat*innen mit Migrationshintergrund sind in den meisten Fällen bilingual, d. h. sie sind zweisprachig aufgewachsen und sprechen neben Deutsch auch die Sprache der Herkunftskultur. Bilinguale Menschen haben tendenziell in beiden Sprachen einen etwas geringen Wortschatz als Personen, die nur mit einer Sprache aufgewachsen sind. Manche Begriffe oder auch Redensarten sind ihnen weniger vertraut als Herkunftssprachler*innen. Auch die Sprachsicherheit ist bei Bilingualität – wiederum im Durchschnitt – etwas geringer. In einer Stresssituation wie einem Auswahlverfahren kann sich das nachteilig bemerkbar machen: Nervosität lässt die Fehlerhäufigkeit steigen. In biografischen Interviews sowie praktischen Übungen (z. B. Rollenspielen) können daneben auch kulturelle Faktoren ins Spiel kommen. Ob man eher zurückhaltend, bescheiden oder eher offensiv und selbstbewusst auftritt, hat viel mit den im Elternhaus gelernten Vorstellungen über angemessenes Verhalten zu tun. Auch beim Nähe-Distanz-Verhalten können Verhaltensweisen, die in Deutschland eher als ungewöhnlich gelten, eine deutsch geprägte Auswahlkommission irritieren und zu schlechteren Bewertungen führen.

Kulturfairness bedeutet nun nicht, die Anforderungen für feuerwehrrelevante Fähigkeiten herunterzuschrauben. Kulturfairness bedeutet zum einen, die in einem Auswahlverfahren verwendeten Kriterien zu reflektieren: Sind beispielsweise auch ungewöhnliche Wege zur Zielerreichung möglich? Lässt eine ungewöhnliche Ver-

4 Interkulturelle Herausforderungen der Feuerwehr

> haltensweise tatsächlich den Schluss zu, dass eine Person nicht für den Einsatzdienst bei der Feuerwehr geeignet ist? Können Menschen, die etwas anders »ticken«, vielleicht Kompetenzen einbringen, die die Arbeit der Feuerwehr bereichern würden? Zum anderen sollte überprüft werden, ob Ergebnisse von Leistungstests möglicherweise von Deutschkenntnissen stark beeinflusst werden und daher zu falschen Schlüssen führen. Fragestellungen in deutscher Sprache messen eben nicht nur das Merkmal, das erfasst werden soll, sondern immer auch die Vertrautheit mit der deutschen Sprache. Wer sich beispielsweise im Russischen sicherer fühlt als in der deutschen Sprache, wird in einem russischsprachigen Intelligenztest vermutlich auch die besseren Leistungen zeigen. Gute Deutschkenntnisse sind ohne Frage sehr wichtig für die Feuerwehr. Aber wo genau liegt das benötigte Mindestmaß, wenn ein/e Bewerber*in Defizite im Deutschen vielleicht durch Fähigkeiten in anderen einsatzrelevanten Sprachen ausgleichen kann?

Traditionen überdenken oder an diesen festhalten?
Am Ende von Kapitel 3 haben wir dargestellt, welche Werte und Praktiken die Feuerwehr (aus der Sicht ihrer Angehörigen) charakterisieren. Hier einige Bestandteile von deutscher Feuerwehrkultur, mit denen Menschen mit Migrationshintergrund möglicherweise nicht viel anfangen können:

- Schweinefleisch: Es ist weithin bekannt, dass sowohl im Islam als auch im Judentum Schweinfleisch tabu ist. Auch wenig religiöse Muslim*innen empfinden oft einen Ekel gegenüber Schweinefleisch. Dieser geht mitunter so weit, dass auch Besteck, Kochgeschirr oder Grillroste, die mit Schweinfleisch in Berührung gekommen sind, abgelehnt werden.
- Alkohol: Ebenfalls bekannt ist, dass der Konsum von Alkohol im Islam als verboten (haram) gilt. Wie streng diese Regel befolgt wird, unterscheidet sich nach Herkunftsland (in der Türkei wird Alkohol recht liberal gehandhabt, im Iran oder Afghanistan werden Verstöße beispielsweise sehr streng geahndet), aber natürlich auch von Person zu Person. Bei strengen Auslegungen des Alkoholverbots gilt nicht nur der Konsum, sondern auch der Ausschank von Alkohol als Sünde.
- Sich »foppen«: Ein gelegentlich rauer Umgangston, die Verwendung von Spitznamen und das (spielerisch-provokante) Austesten von Grenzen bei den Kamerad*innen sind typisch für das Miteinander bei der Feuerwehr. Menschen mit Migrationshintergrund oder mit dunklerer Hautfarbe haben häufig schon Erfahrungen mit Diskriminierung gemacht. Ihre Sensibilität gegenüber leicht daher gesagten Sprüchen oder Bezeichnungen ist daher verständlicherweise oft größer.

4.3 Kulturelle Faktoren bei Mitgliedergewinnung und Mitgliederhaltung

- Regeln und Strukturen: Dass Regeln und Strukturen eine erfolgreiche Einsatzbewältigung gewährleisten, steht nicht in Frage. Mitunter wird regelhaftes Vorgehen aber auch jenseits von Einsätzen und Übungen stark betont (Kontrolle der Anwesenheit, Antreten vor Dienstbeginn, Sitzordnung etc.). Auf Menschen, die in ihrer Freizeit eher Freude und Lockerheit gewohnt sind, wirken solche Rituale befremdlich.
- Christlicher Bezug: Abgesehen von der kleinen Gruppe fundamentalistisch gesinnter Menschen, begegnen Migrant*innen mit nicht-christlicher Religionszugehörigkeit dem Christentum meist sehr tolerant. Eine sehr starke Betonung christlicher Bezüge kann nichtsdestotrotz irritierend wirken. Ein Ritual wie die Taufe zum Eintritt bei der Feuerwehr kann dann zum Beispiel als religiöser Akt missverstanden werden.

Will man Zugang zu nicht-deutschstämmigen Bevölkerungsgruppen finden, wird man überdenken müssen, wie wichtig solche Traditionen sind und ob sich manche Praktiken nicht auch abschwächen oder durch andere Vorgehensweisen ersetzen lassen. Grundsätzlich bietet die deutsche Feuerwehrkultur auch viele Ansatzpunkte für Menschen, die kulturell anders sozialisiert sind. Das Wir-Gefühl, die Geselligkeit, die Solidarität und Unterstützung untereinander sind beispielsweise sehr anschlussfähig für Menschen, die eher wir-orientiert (kollektivistisch) ticken. Und die zentrale Aufgabe der Feuerwehr, die selbstlose Hilfe am Mitmenschen, deckt sich mit dem in der Sure 5:32 des Korans formulierten (und auf den Talmud zurückgehenden) Gebot »Wer einem Menschen das Leben rettet, rettet die ganze Welt«.

Integration in die Feuerwehr: Selbstverantwortung oder Betreuung?
Häufig wird vergessen, dass die erste Teilnahme an einem Übungsabend nur der erste Schritt für ein dauerhaftes Engagement bei der Feuerwehr ist. Nun gilt es, diese Person auch langfristig »bei der Stange« zu halten. Nachdem der/die Neue zunächst nur Kontakt zu den Feuerwehrangehörigen hatte, die die Kontakt- und Überzeugungsarbeit geleistet haben, wird er/sie nun die versammelte Mannschaft und deren Gruppendynamik kennen lernen. Neu in eine bestehende Gruppe zu kommen, ist für Menschen unabhängig von ihrem kulturellen Hintergrund eine Herausforderung. Sich zur Not auch einmal alleine durchkämpfen zu können, fällt individualistisch-orientierten Menschen aber einfacher als kollektivistisch-orientierten. Eine gute und persönliche Betreuung ist in den ersten Monaten daher besonders bei wir-orientierten Menschen wichtig. Bei vielen Freiwilligen Feuerwehren gibt es für die Einstiegszeit Patenschaftsprogramme, bei denen erfahrene Mitglieder der Feuerwehr den Sinn und Zweck von Übungen, aber auch die Rituale und ungeschriebenen

4 Interkulturelle Herausforderungen der Feuerwehr

Regeln erläutern. Je fremder die Kultur der Feuerwehr für eine Person ist, desto wichtiger ist eine solche enge Betreuung.

Integration ist ein beidseitiger Prozess: Ein/e Neue*r fügt sich in ein bestehendes System ein und lernt seine Regeln. Aber auch das System verändert sich mit jedem neuen Mitglied. Es stellt sich auf den Neuling ein und überdenkt die bestehenden Gewohnheiten. Es ist unwahrscheinlich, dass alle Mitglieder einer Feuerwehr gleichermaßen begeistert von einem neuen Mitglied sind, das sie als »anders« wahrnehmen. Entscheidend ist, skeptischen Kamerad*innen zu erklären, warum es wichtig ist, Menschen mit Migrationshintergrund in die Feuerwehr zu integrieren. Kritische Bemerkungen und flapsige Sprüche können als diskriminierend empfunden werden und eine neue Person verletzen und schnell die Lust verlieren lassen. Letztendlich wird der Integrationsprozess nur gelingen, wenn sowohl die Leitungsebene als auch informelle Führungspersonen diesen befürworten und unterstützen.

5 Interkulturelle Öffnung

Alexander Scheitza & Maruschka Güldner

5.1 Begriffsklärung

Interkulturelle Öffnung (IKÖ) ist eine Strategie in der Personal-, Organisations- und Produktentwicklung, die in den letzten Jahren in nahezu allen gesellschaftsrelevanten Bereichen und Institutionen an Bedeutung gewonnen hat (vgl. Mayer & Vanderheiden, 2014). Bereits 2007 ist der Begriff in den Nationalen Integrationsplan der Bundesregierung eingegangen (siehe nachfolgendes Zitat). Er fällt häufig in Zusammenhang mit öffentlichen Verwaltungen, Bildungs-, Kultur-, Jugend- und Sozialeinrichtungen, aber auch die Sicherheits- und Strafverfolgungsbehörden in Deutschland haben begonnen, sich mit dem Thema kulturelle Vielfalt zu befassen.

Interkulturelle Öffnung im Nationalen Integrationsplan:

»Durch interkulturelle Öffnung der Verwaltung und der Institutionen – durch Einstellung von Migrantinnen und Migranten und interkulturelle Fortbildungen für alle – sowie den Abbau von Zugangsbarrieren sollen alle Bevölkerungsgruppen angemessen vertreten sein und bei der Durchsetzung ihrer Belange kompetent unterstützt werden.« (Die Bundesregierung, 2007 in Handschuck & Schröer)

Nach Handschuck & Schröer (2012, in Anlehnung an den Magistrat der Stadt Wien, 2010) »[geht es] in einer Vielfaltsperspektive […] darum, alle Strukturen, Angebote, Maßnahmen und Dienstleistungen einer ethnisch sozial und kulturell vielfältigen (Stadt-) Gesellschaft anzupassen« (2012, S.44). Interkulturelle Öffnung heißt, sich auf die kulturelle Unterschiedlichkeit (Diversität) von Menschen sowohl im Außenverhältnis (mit Kund*innen, Klient*innen etc.) als auch innerhalb der Organisation, also im kollegialen Miteinander und beim Thema Führung, einzustellen. Interkulturelle Öffnung versteht Integration nicht einseitig als Herausforderung von Migrant*innen, sich in bestehende Strukturen einzufügen, sondern nimmt auch Organisationen in die Pflicht, indem beispielsweise Zugangsbarrieren abgebaut und in der Organisation ein Klima von Akzeptanz und Wertschätzung entwickelt werden soll.

Mit der doppelten Ausrichtung sowohl auf das Innen- als auch auf das Außenverhältnis einer Organisation unterscheidet sich Interkulturelle Öffnung vom Konzept des in den USA entstandenen »Diversity Managements«, das in erster Linie auf

5 Interkulturelle Öffnung

Vielfalt innerhalb einer Organisation fokussiert und daher schwerpunktmäßig eine Personalentwicklungsstrategie darstellt. Während beim Diversity Management ganz unterschiedliche Aspekte von Vielfalt in den Blick genommen werden, wie Alter, Behinderung, Ethnizität/Herkunft, Geschlecht, Religion/Weltanschauung und sexuelle Orientierung, steht beim Ansatz der Interkulturellen Öffnung die Berücksichtigung von Unterschieden, denen unterschiedliche kulturelle Sozialisationsbedingungen zugrunde liegen, im Vordergrund (vgl. Leenen et al. 2015, Nader 2017). Auch wenn mit Kultur in diesem Zusammenhang häufig Herkunftsländer oder Ethnien verbunden werden, kann der Kulturbegriff ausgedehnt werden auf verschiedene soziale Umwelten, die Menschen auch innerhalb von Landesgrenzen prägen. Die Werte und Praktiken, die in diesen Umwelten vermittelt werden, sind natürlich nicht starr, sondern wandeln sich kontinuierlich.

5.2 Chancen und Risiken kultureller Vielfalt

Die Fokussierung auf sozialisationsbedingte Unterschiede bietet Vorteile, da sehr überzeugende pragmatische Argumente ins Feld geführt werden können. Dass sich eine Organisation auf ein heterogenes Umfeld einstellt, ihre Angebote und die Art und Weise, wie diese nach außen dargestellt werden, entsprechend anpasst, ist auch aus einer betriebswirtschaftlichen Perspektive plausibel. Dies gilt im Übrigen nicht nur für Wirtschaftsunternehmen, sondern auch für die öffentlichen Dienste, von denen seit der Verwaltungsmodernisierung in den 1990er Jahren ebenfalls unternehmerisches Denken und Handeln sowie eine stärkere Zielgruppenorientierung erwartet wird.

Die Vorzüge kultureller Vielfalt im Hinblick auf die von einer Organisation angebotenen Produkte und Dienstleistungen lassen sich ebenfalls recht klar beschreiben: Fasst man Kultur als das Orientierungssystem einer Gruppe von Menschen, welches das Wahrnehmen, Denken, Werten und Handeln ihrer Mitglieder beeinflusst (vgl. Thomas, 2005), wird erkennbar, welche Ressourcen die Akzeptanz von Unterschiedlichkeit innerhalb einer Organisation bieten kann. Vielfalt in der Mitarbeiterschaft ermöglicht sowohl eine erweiterte Perspektive auf Sachverhalte als auch ein größeres Repertoire an Lösungsmöglichkeiten. Mitarbeitende anderer kultureller Herkunft erleichtern außerdem den Zugang zu bzw. Umgang mit Zielgruppen, denen sie nahestehen und deren »Ticken« ihnen vertraut ist.

Auch jenseits kultureller Vielfalt verspricht Diversität Vorteile: Verfügt eine Organisation über sehr unterschiedliche Personen in ihrer Mitarbeiterschaft, kommt sie auch für einen größeren Personenkreis als Arbeitgeberin infrage, insbesondere für

5.2 Chancen und Risiken kultureller Vielfalt

all diejenigen, die im aktuellen Personal Identifikationsmodelle finden. Vielfalt fördert also Vielfalt. Zudem kann Diversität auch zum positiven Image einer Organisation beitragen. Die aktive Förderung von Vielfalt und das damit idealerweise verbundene respektvolle Miteinander in einer Organisation ist ein wichtiger Beitrag zu gesellschaftlicher Teilhabe. Organisationen, denen es gelingt, Chancengleichheit, Partizipation, wechselseitigen Respekt und produktives Miteinander zu realisieren, wirken zudem als positives Modell für andere Gesellschaftsbereiche. Tabelle 3 fasst die Argumente für Vielfalt innerhalb einer Organisation zusammen.

Tabelle 3: *Argumente für Vielfalt in Organisationen*

Argumente für Vielfalt in Organisationen	
Produktivitätssteigerung	▸ Höhere Kreativität/erfolgreichere Problemlösungen
Besserer Klient*innenzugang	▸ Effektiverer Umgang mit spezifischen Klient*innengruppen
Erweiterte Rekrutierung	▸ Zugang zu anderen Segmenten/Zielgruppen des Arbeitsmarktes
Erhöhte Akzeptanz	▸ Besseres Image/Vorbildfunktion
Partizipation	▸ Beitrag zu mehr Gerechtigkeit durch Beteiligung

Es wäre aber naiv, den Mehrwert kultureller Vielfalt für Organisationen zu überhöhen. Den aufgeführten Potenzialen stehen auch Risiken gegenüber. Vielfalt kann Irritationen hervorrufen, die Kommunikation verlangsamen, Konflikte auslösen und sie kann (routinierte) Abläufe stören – letzteres ist ein gewichtiges Argument für die Feuerwehr. Der Politikwissenschaftler und Migrationsforscher Aladin El-Mafaalani zeichnet in seinem Buch »Das Integrationsparadox: Warum gelungene Integration zu mehr Konflikten führt« das sehr einprägsame Bild einer Tischgesellschaft, um gesellschaftliche Spannungsverhältnisse zu erklären: Vielfalt in der Gesellschaft bedeutet, dass immer mehr und immer unterschiedlichere Menschen gemeinsam an einem Tisch sitzen und partizipieren und sich aktiv einbringen wollen. Sie möchten nicht nur informiert werden, oder »mitbestellen«, sondern auch mitbestimmen, was auf den Tisch kommt und an der Rezeptur des Kuchens mitarbeiten. Und sie möchten Einfluss auf die Tischregeln haben. Das birgt Potenzial für Konflikte, die Harmonie wird gestört und insbesondere für Menschen, die »schon immer« am Tisch sitzen, kann es ungemütlich werden. (vgl. El-Mafaalani, 2018). Mit dieser Tisch-Metapher wird deutlich, dass mit der Schaffung von mehr Teilhabe und Chancengleichheit unweigerlich auch Irritationen auftreten und Konflikte entstehen können, mit denen

5 Interkulturelle Öffnung

sich die Gesellschaft, aber auch Institutionen und Organisationen, konstruktiv auseinandersetzen müssen. Ein produktives Miteinander von Menschen mit unterschiedlichen (kulturellen) Hintergründen entwickelt sich jedoch nicht automatisch, wie Forschungen zu kulturell gemischten Arbeitsgruppen gezeigt haben (vgl. Distefano & Maznevski, 2000; Adler 2002). Im Gegenteil: Wird Vielfalt nicht aktiv »gemanagt« und produktiv gestaltet, sind heterogene Arbeitsgruppen häufig ineffektiver als homogene.

5.3 Interkulturelle Öffnung als Prozess

In Anlehnung an Panesar (2017) beschreiben wir nun, in welchen Teilschritten sich ein bewusster und planvoller interkultureller Öffnungsprozess vollzieht (siehe Bild 14).

Zu Beginn steht die Diagnose bzw. die Bestandsaufnahme. Wo steht die Institution/Einrichtung bezüglich Interkulturalität? Welche Ansätze existieren bereits und wo gibt es Hindernisse bzw. Hürden, die beseitigt werden sollen? Um die Akzeptanz des Öffnungsprozesses zu gewährleisten, ist es wichtig, schon in dieser Phase die Mitarbeiterschaft einzubeziehen. Aus den Ergebnissen werden anschließend Ziele entwickelt: Was soll sich verändern und warum? In der dritten Phase werden konkrete Maßnahmen und Projekte entwickelt und umgesetzt, um die Ziele zu erreichen. Dabei ist es vorteilhaft, eher mit kleinen Schritten zu beginnen. Das erhöht die Erfolgsaussichten und trägt zur Motivation aller Beteiligten bei. In der letzten Phase – die gleichzeitig auch der Beginn eines neuen Prozesses sein kann – geht es um eine kritische Reflexion der bisherigen Umsetzungen. Was ist gut gelungen, was nicht und warum? Welche neuen Ziele ergeben sich daraus und wie kann der Prozess erfolgreich fortgeführt werden? Auch hier gilt: Erfolg und Nachhaltigkeit des interkulturellen Öffnungsprozesses steigen, wenn auch die Mitarbeiterschaft von der Sinnhaftigkeit des Vorgehens überzeugt ist.

Dieses Schema dient als Orientierung und kann – auch für die Feuerwehr – hilfreich sein, um interkulturelle Öffnungsprozesse anzugehen und aktiv zu gestalten. Welche Chancen und Herausforderungen bringt kulturelle Vielfalt nun für die Feuerwehr? Im Folgenden werden wir den aktuellen Stand der interkulturellen Öffnung der Feuerwehr betrachten und daraus mögliche Entwicklungsschritte ableiten.

5.4 Wie interkulturell offen ist die Feuerwehr?

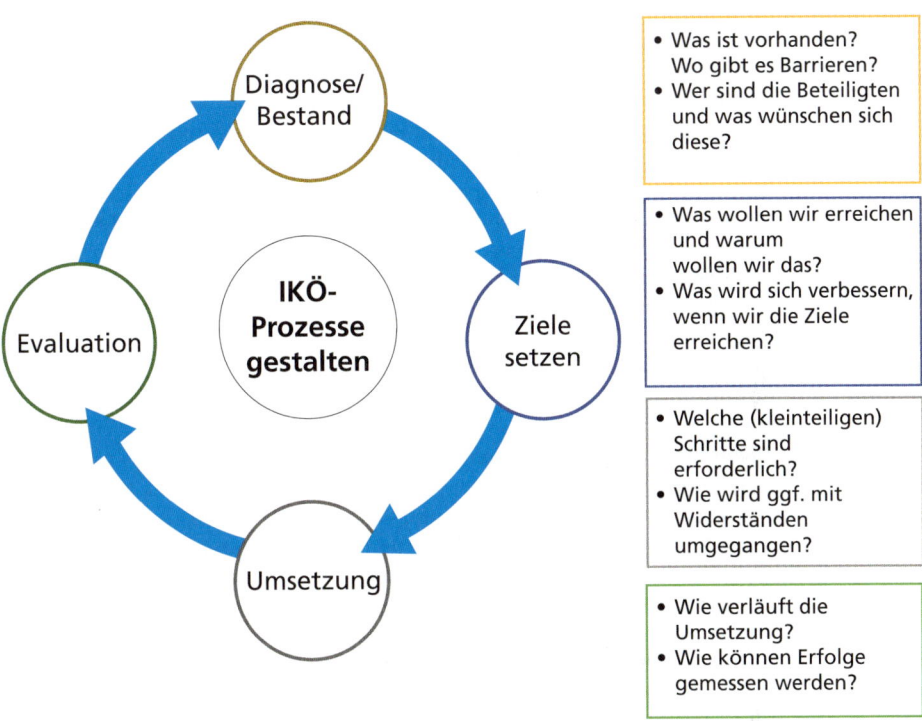

Bild 13: *Vier Phasen zur Gestaltung von Interkultureller Öffnung nach Panesar, 2017)*

5.4 Wie interkulturell offen ist die Feuerwehr?

Aufbauend auf den Arbeiten von Bissels et al. (2001) sowie Adler (2002) haben Leenen et al. (2006) Orientierungen identifiziert, die Organisationen zu kultureller Vielfalt in der Mitarbeiterschaft einnehmen können (nach Leenen et al., 2006, 57–58):

1. **Diversitätsblinde Organisationen:**
   Für solche Organisationen spielt kulturelle Vielfalt keine Rolle. Das Vorhandensein von Unterschieden wird entweder nicht wahrgenommen oder für irrelevant gehalten. Schwierigkeiten, die in der Zusammenarbeit entstehen, wie auch unterschiedliche Präferenzen von Mitarbeiter*innen, werden nicht

mit kultureller Unterschiedlichkeit in Verbindung gebracht.

2. **Diversitätsabwehrende Organisationen:**
In diversitätsabwehrenden Organisationen herrscht die Ansicht vor, dass kulturelle Vielfalt keinen Mehrwert für die im Betrieb auszuführenden Tätigkeiten hat, sondern eher Probleme und Schwierigkeiten aufwirft. Daher schätzen sie Homogenität in der Mitarbeiterschaft und sind bemüht, diese aufrechtzuerhalten. Durch selektive Personalauswahl bzw. das Ausüben eines starken Anpassungsdrucks wird versucht, Abweichungen vom vorgegebenen Ideal eines/r Mitarbeiter*in auszuschließen.

Organisationen, die hingegen kultureller Diversität aufgeschlossen gegenüberstehen, lassen sich in zwei verschiedene Typen unterteilen:

3. **Diversitätspragmatische Organisationen:**
Diversitätsaufgeschlossene Organisationen des »pragmatischen« Typs erkennen einen gewissen Nutzen von kultureller Vielfalt für die Organisation. Von einer Beschäftigung von Mitarbeiter*innen mit Migrationshintergrund verspricht sich die Organisation entweder ein positiveres Image oder aber einen konkreten Vorteil im Hinblick auf die Akzeptanz ihrer Produkte bzw. Dienstleistungen. Die aufgeschlossene Haltung zu kultureller Diversität betrifft jedoch nicht alle Bereiche: Von wichtigen Entscheidungsfindungsprozessen oder informellen Netzwerken bleiben Mitarbeiter*innen mit Migrationshintergrund in diversitätspragmatischen Organisationen häufig ausgeschlossen. Auch ihre Aufstiegsmöglichkeiten sind in der Regel eingeschränkt. Ausgrenzungen dieser Art werden nicht unbedingt bewusst vollzogen. Meist gehen sie darauf zurück, dass Organisationsstrukturen einseitig auf die Mehrheitskultur zugeschnitten sind.

4. **Diversitätsengagierte Organisationen:**
Diversitätsaufgeschlossene Organisationen des »engagierten« Typs sehen in der Diversität des Personals eine grundsätzliche und weitergehende Managementaufgabe. Dies findet seinen Niederschlag sowohl im Personalprofil als auch in Führungskonzepten: Die Mitarbeiter*innen der Organisation sind in der Lage, Unterschiede zu erkennen und sie zum Vorteil der Organisation zu nutzen. Um von der Vielfalt profitieren zu können, müssen alle Mitglieder der Organisation ihre Fähigkeiten gleichberechtigt einbringen können. Der Anteil ungelöster Gruppenkonflikte ist in diversitätsengagierten Organisationen deutlich reduziert, und Mitglieder von Minoritätengruppen sind zufrieden mit dem Respekt, der ihnen entgegengebracht wird (vgl. Thomas & Ely, 1996). Die Personalfluktuation unter Mitarbeiter*innen mit Migrationshintergrund ist deutlich geringer als bei diversitätspragmatischen Organisationen (vgl. Gilbert & Ivan-

5.4 Wie interkulturell offen ist die Feuerwehr?

> cevich 2000). Personen aus Minoritätsgruppen befinden sich in diversitätsengagierten Organisationen auch in Führungspositionen.

Würde man alle Berufsfeuerwehren und Freiwilligen Feuerwehren in Deutschland untersuchen, fände man wahrscheinlich Entsprechungen für alle vier Typen. Leenen et al. (2006) weisen darauf hin, dass bei weitem nicht alle Organisationen bzw. Organisationseinheiten eine einheitliche Position zu kultureller Vielfalt einnehmen. Bei ihrer Befragung von Führungskräften und Personalverantwortlichen äußerten viele der Befragten Bedenken hinsichtlich kultureller Vielfalt, sie konnten aber gleichzeitig auch Potenziale kultureller Vielfalt benennen. Dieses »Hin- und Hergerissensein« (von den Autoren als »Diversitätsambivalenz« bezeichnet) scheint ein häufiger Zustand in Organisationseinheiten zu sein – sicherlich auch bei Feuerwehrorganisationen und ihren Mitgliedern.

Ein Abgleich der in den Kapiteln 1 und 3 vorgestellten Daten und Charakteristika mit der hier vorgestellten Typologie kann dabei helfen, Tendenzen im Umgang mit kultureller Vielfalt bei der Feuerwehr zu erkennen. Einen deutlichen Hinweis liefert beispielsweise der geringe Anteil von Menschen mit Migrationshintergrund in den Reihen der Feuerwehr, den wir im Kapitel 3 dargestellt haben. Dieser Befund könnte – zumindest was die Vergangenheit betrifft – ein Beleg für eine geringe Aufgeschlossenheit gegenüber Vielfalt sein. Offensichtlich wird kulturelle Vielfalt bislang nicht aktiv gesucht. Auf viele Feuerwehren trifft wahrscheinlich zu, was die Projektgruppe des Ludwig-Uhland-Instituts (2011, Seite 62 ff.) eine »halboffene Tür« nennt: Migrant*innen wird der Zugang zu einer Feuerwehr(gruppe) zwar nicht versperrt, die Integrationsleistung wird jedoch einseitig den Neuzugängen zugeschoben. Eine solche Haltung würde einer diversitätsblinden Orientierung entsprechen, da sie den Kenntnisstand und die möglichen Bedarfe von Menschen mit Migrationshintergrund ebenso ignoriert wie den stark ausgeprägten Zusammenhalt von Feuerwehrgruppen, der es Neuzugängen schwer machen kann ohne Unterstützung in einer Gruppe Fuß zu fassen. Obwohl in der jüngeren Vergangenheit Maßnahmen zur Förderung von Vielfalt forciert werden (in Kapitel 3 haben wir einige dieser Initiativen erwähnt) und der Deutsche Feuerwehrverband e. V. 2012 ein Leitbild zur interkulturellen Öffnung formuliert hat (Deutsche Feuerwehrverband, 2012), sind die meisten Feuerwehrorganisation in Deutschland vom Idealbild einer diversitätsengagierten Organisation wohl noch ein gutes Stück entfernt.

Dass die Feuerwehr gerade erst beginnt, sich aktiv dem Thema kulturelle Vielfalt zuzuwenden, hat vermutlich viel mit der bislang gelebten »Feuerwehrkultur« zu tun, wie wir sie im Kapitel 3 beschrieben haben. Die starke Betonung von Kameradschaft

5 Interkulturelle Öffnung

liefert einen Hinweis: Es ist psychologisch plausibel, dass es bei wahrgenommener Ähnlichkeit viel leichter fällt, ein Gefühl von Kameradschaft zu einer anderen Person zu entwickeln. Die Wahrnehmung von Ähnlichkeit gilt schlechthin als konstituierend für Gruppen (vgl. Byrne, 1971; Tajfel, 1981). Aber auch die Einsatzroutinen mit ihren unbestritten notwendigen Standardisierungen erschweren eine interkulturelle Öffnung. Technische Gerätschaften und Handlungsalgorythmen suggerieren eine Eindeutigkeit, die das sehr nachvollziehbare Bedürfnis nach größtmöglicher Sicherheit im Einsatzgeschehen befriedigt. Ungewohnte Verhaltensweisen werden hier fast zwangsläufig als hinderlich wahrgenommen. Aus der Außenperspektive entsteht jedoch mitunter der Eindruck, dass die Fokussierung auf den »einen Weg des richtigen Rettens« überbetont wird und Möglichkeiten einer Auf- oder Abweichung des standardisierten Weges gar nicht erst in den Blick genommen werden. Die besondere gesellschaftliche Rolle der Feuerwehr bietet eine weitere Erklärung für eine eher gering ausgeprägte Offenheit für kulturelle Vielfalt: Aufgrund ihrer Monopolstellung ist die Feuerwehr einem geringeren Veränderungsdruck ausgesetzt als Organisationen, die in Konkurrenz zueinander stehen und sich tagtäglich im Wettbewerb um neue Mitarbeiter*innen und Kund*innen bewähren müssen. Welche Bereiche Organisationen, die sich interkulturell öffnen möchten, weiterentwickeln müssten, beschreiben wir im folgenden Abschnitt.

5.5 Bereiche interkultureller Öffnung und Ansatzpunkte für die Feuerwehr

Grundsätzlich stehen Organisationen, die sich interkulturell öffnen möchten, vor der Herausforderung, Chancen auf gleichberechtigte Teilhabe und Mitwirkung anzugleichen, Zugangsmöglichkeiten zu verbessern sowie Produkte und Dienstleistungen anzubieten, die den Bedürfnissen und Bedarfen unterschiedlicher Menschen gerecht werden. Die Maßnahmen einer interkulturellen Öffnungsstrategie lassen sich nach den Bereichen (a) Organisationsentwicklung, (b) Personalentwicklung und (c) Produkt- bzw. Dienstleistungsentwicklung differenzieren.

a) Organisationsentwicklung

In diesem Bereich geht es um die Strukturen, um das Selbstverständnis der Organisation sowie die Interaktionen bzw. die Zusammenarbeit ihrer Mitarbeiter*innen bzw. Mitglieder. Da hier »das Wesen« einer Organisation hinterfragt und weiterentwickelt wird, ist ihre Führungsebene besonders gefordert. Im Kern geht

5.5 Bereiche interkultureller Öffnung/Ansatzpunkte für die Feuerwehr

es darum, Toleranz gegenüber Unterschieden und gleichberechtigte Teilhabe aller Organisationsmitglieder als Grundprinzip der Organisation anzuerkennen und zum Beispiel als Leitgedanken zu verankern. Feuerwehren können dafür das sehr ausdifferenzierte »Leitbild des Deutschen Feuerwehrverbandes zur interkulturellen Öffnung« (Deutscher Feuerwehrverband, 2012) nutzen. Auf Organisationsebene sollten dafür Strukturen (und im besten Fall Mittel) bereitgestellt werden, um die Thematik anzugehen (z. B. Etablierung einer festen Steuerungsgruppe).

Bild 14: *Beispiel für eine kulturunsensible Werbeaktion der Feuerwehr (in Kooperation mit einer regionalen Supermarkt-Kette)*

5 Interkulturelle Öffnung

Die folgenden Themen gilt es in den Blick zu nehmen:
- Wo gibt es Barrieren, die es bestimmten Personengruppen erschweren, den Zugang zur Organisation zu finden oder auch innerhalb der Organisation aufzusteigen?
- Ist die Außendarstellung der Organisation bezüglich gesellschaftlicher Entwicklungen noch angemessen und werden dabei Themen vermieden, die möglicherweise kulturelle Tabus ansprechen? (Bild 14 zeigt eine Werbeaktion, bei der genau dies misslingt).
- Sind die Handlungen und Abläufe innerhalb der Organisation verständlich? Ermöglichen sie allen Organisationsmitgliedern eine möglichst effektive Mitwirkung?
- Besteht die Möglichkeit, eigene Ressourcen gewinnbringend für die Organisation einzubringen?

Die Wertschätzung von Minderheiten beginnt jedoch auch schon im Kleinen, z. B. bei der richtigen Aussprache und Schreibweise von Namen.

b) Personalentwicklung

Im Bereich der Personalentwicklung geht es um die Aus- und Weiterbildung von Mitarbeiter*innen. Damit interkulturelle Öffnung gelingt, sollten zum einen die neu hinzugewonnen Organisationsmitglieder in der Einstiegsphase sehr gut betreut werden. Formale Schulungen können die Aufbau- und Ablauforganisation der Feuerwehr verständlich machen. In speziellen Kursen können bei Bedarf aufgabenrelevante Defizite, beispielsweise in der Fachsprache der Feuerwehr, ausgeglichen werden. Ebenso sollten aber auch die Potenziale der »Neuen« anerkannt und Möglichkeiten zu deren Einsatz aufgezeigt werden. Für ein Verständnis der Organisationskultur und eine nachhaltige Integration eignen sich weniger formelle Maßnahmen. Mentoren- oder Patenschaftsprogramme können neuen Mitgliedern helfen, ungeschriebene Erwartungen und Regeln kennenzulernen und in die Gemeinschaft einer Ortsfeuerwehr oder auch Berufsfeuerwehr sozial integriert zu werden.

Für eine gelingende interkulturelle Öffnung sind Personalentwicklungsmaßnahmen, die sich an die bestehende Belegschaft richten, aber genauso wichtig. Untersuchungen bei der niederländischen und britischen Polizei haben gezeigt, dass Personal mit Migrationshintergrund, das mit großem Aufwand gewonnen worden war, nach kurzer Zeit überdurchschnittlich häufig den Polizeidienst wieder quittierte (vgl. Bovenkerk & De Vries, 1999; Oakley, 2001). Warum? Es zeigte sich, dass es vor allem die ungeschriebenen Rituale und Regeln der Vertreter*innen der »Mehrheitskultur« waren, die auf Seiten der »Minderheitsangehörigen« Gefühle von Aus-

5.5 Bereiche interkultureller Öffnung/Ansatzpunkte für die Feuerwehr

grenzung hervorriefen. Sie fühlten sich nicht zugehörig. Um solche »Drehtür-Effekte« zu verhindern, muss man die bestehende Mitarbeiterschaft beim Öffnungsprozess mitnehmen und einbinden, die Gründe für Veränderungen erläutern sowie Vorurteilen und Diskriminierung entgegenwirken.

c) Entwicklung von Produkten bzw. Dienstleistungen

Neben den organisationalen und personellen Dimensionen stellt die Anpassung von Produkten und Dienstleistungen an eine kulturell vielfältige Zielgruppe einen wesentlichen Pfeiler für das Gelingen von interkulturellen Öffnungsprozessen dar. Die Kund*innen bzw. Klient*innen sollten die Angebote der Organisation möglichst uneingeschränkt nutzen können. Die Feuerwehr entspricht natürlich nicht einem klassischen Produktions- oder Dienstleistungsbetrieb, gleichwohl lassen sich aber auch hier Anforderungen im Sinne einer interkulturellen Öffnung benennen. So kann die Kommunikation mit den »Empfänger*innen feuerwehrlicher Hilfeleistungen« nur dann gelingen, wenn eine Verständigung möglich ist. Die Fähigkeit, sich klar und einfach auszudrücken, trägt im Einsatzgeschehen zu effektiver Hilfeleistung ebenso bei wie das Wissen über kulturelle Unterschiede und ein angemessener Umgang mit – aus Sicht der deutschen Feuerwehr – ungewöhnlichen Verhaltensweisen. Wie schon in Kapitel 4 angeregt: Durch Kontakte zu Ausländerbeiräten oder Migrant*innenselbstorganisationen kann auch die nicht-deutschstämmige Bevölkerung präventiv über Feuerwehrroutinen informiert werden. Mit Hilfe kulturellen Wissens können Einsatzpraktiken so erweitert oder verändert werden, dass Hilfeleistungen reibungsloser funktionieren. Und auch bei der Brandschutzerziehung und der Mitgliederwerbung kann das Verwenden von einfacher Sprache oder von Bildern das Verständnis bei Nicht-Muttersprachlern verbessern.

Entlang der drei dargestellten Bereiche lässt sich zusammenfassend folgende Checkliste formulieren, die – ohne Anspruch auf Vollständigkeit – Feuerwehren Anregungen bieten kann:

Organisationsentwicklung

- Gibt es bei uns ein Leitbild, in dem kulturelle Vielfalt als Mission oder Vision benannt wird?
- Schlägt sich dieses Leitbild in unserer Aufbau- und Ablauforganisation nieder?
- Sprechen wir bei der Werbung von Mitgliedern bzw. Personal Personen mit nicht (nur) deutschem Hintergrund gezielt an?

5 Interkulturelle Öffnung

- Bieten wir Personen mit anderer Muttersprache oder Sozialisation die gleichen Chancen einer Mitgliedschaft bzw. die Möglichkeit, sich kompetenzorientiert einzubringen?
- Sind die Kriterien für einen Aufstieg in eine Führungsposition bei uns ausschließlich fähigkeitsbezogen?
- Sind unsere Strukturen und Prozesse so, dass Mitarbeitende, die anders »ticken«, effizient und mit Freude arbeiten können?
- Werden andere Bedürfnisse oder Vorstellungen bei Arbeitszeiten, Urlaubsregelungen, aber auch bei der Verpflegung oder der Gestaltung von Räumlichkeiten berücksichtigt?
- Gibt es bei uns Ansprechpartner*innen für das Thema interkulturelle Öffnung?

Personalentwicklung
- Erhalten neue Mitglieder/Mitarbeiter*innen bei uns eine ausführliche Einführung in die geschriebenen und ungeschriebenen Regeln der Organisation?
- Werden neue Mitglieder/Mitarbeiter*innen bei uns gezielt betreut, bis ihre fachliche und soziale Integration gelungen ist?
- Kennen unsere Mitglieder/Mitarbeiter*innen die Gründe für den angestrebten interkulturellen Öffnungsprozess?
- Gehen wir auf Widerstände gegen den interkulturellen Öffnungsprozess aktiv ein?
- Sind unserer Mitglieder/Mitarbeiter*innen in der Lage, sensibel und kompetent mit Menschen umzugehen, die anders »ticken«?
- Gibt es Weiterbildungen, die im Bedarfsfall Diskriminierung thematisieren, dieser entgegenwirken und Toleranz und Teilhabe fördern?
- Werden unsere Führungskräfte besonders geschult für den Umgang mit kultureller Vielfalt in ihren Teams?

Produkte bzw. Dienstleistungen
- Ist unsere Außendarstellung (z. B. in Medien, im öffentlichen Raum) so, dass sie Personengruppen erreicht, die aktuell nur wenig in der Feuerwehr vertreten sind?
- Entsprechen unsere Angebote im Freizeitbereich den Bedürfnissen bzw. Bedarfen von Personen, die nicht »typisch deutsch« sind?
- Erlauben unsere Prozesse und Strukturen im Einsatzgeschehen eine bestmögliche Hilfe für Menschen aus aller Welt?

- Verfügen wir in unserer Organisation über Sprach- oder Kommunikationskompetenzen, die im Einsatzgeschehen eine Verständigung mit Personen ermöglichen, die nicht oder nur wenig Deutsch sprechen?
- Erreichen wir mit unseren Maßnahmen und Materialien zum vorbeugenden Brandschutz auch Menschen, die mit der deutschen Sprache und Kultur wenig vertraut sind?
- Sind wir in unserer Kommune so vernetzt, dass wir Zugang zu den unterschiedlichen Bevölkerungsgruppen finden?

5.6 Chancen und Herausforderungen interkultureller Öffnung der Feuerwehr: Ein Resümee

In den vorhergehenden Abschnitten wurde deutlich, dass interkulturelle Öffnung ein komplexes Unterfangen darstellt. Eine Organisation wie die deutsche Feuerwehr, die auf eine fast 200-jährige Geschichte zurückblickt und die tief in einem traditionell deutsch geprägten Umfeld verankert ist, muss an vielen, ganz unterschiedlichen Stellschrauben drehen, wenn sie sich auf kulturelle Vielfalt einlassen möchte. Der Mehrwert dieser Vielfalt ist bei der Feuerwehr auch nicht so augenfällig wie bei Organisationen und Unternehmen, die auf die Akzeptanz ihre Produkte und Dienstleistungen angewiesen sind. Die »Kund*innen« der Feuerwehr haben schlicht keine andere Wahl. Warum sollte sich eine Feuerwehr also die Mühe machen, ihre Organisationsstrukturen zu hinterfragen und an die gesellschaftlichen Bedarfe und Entwicklungen anzupassen?

Die Chancen, die eine interkulturelle Öffnung und die damit verbundene Haltung bieten, liegen auch für die Feuerwehr auf der Hand: Ein breiteres Repertoire an Handlungsmöglichkeiten oder auch eine größere Fremdsprachenkompetenz würde mit großer Wahrscheinlichkeit sowohl die Effektivität der Arbeit der Feuerwehr als auch die »Kund*innenzufriedenheit« verbessern. Eine Steigerung des Anteils von Menschen mit Migrationshintergrund in der Feuerwehr würde darüber hinaus dem Auseinanderdriften von Feuerwehr und einer kulturell immer heterogeneren Gesamtbevölkerung entgegenwirken und die Feuerwehr damit wieder mehr in die Mitte der Gesellschaft rücken. Für das freiwillige Feuerwehrsystem ist das stärkste Argument für eine interkulturelle Öffnung sicherlich die Entwicklung der Mitgliederzahlen bzw. die rückläufige Verfügbarkeit der Mitglieder von Einsatzabteilungen (vgl. Kapitel 3): Wollen die Freiwilligen Feuerwehren auch mittel- und langfristig den Brandschutz gewährleisten, haben sie fast keine andere Wahl, als sich auf die Suche nach Mitgliedern zu machen und dabei auch Personengruppen anzusprechen, die bisher nicht in ihrem Blickfeld waren.

Ohne Zweifel: Es ist nicht einfach, eine so traditionsreiche Institution wie die Feuerwehr interkulturell zu öffnen. Denn besonders die Freiwillige Feuerwehr hat für ihr Umfeld und ihre Mitglieder eine besondere Funktion: Vor allem in ländlichen Gebieten stärkt sie die kleinstädtische oder dörfliche Gemeinschaft, ist ein zentraler Bestandteil der Freizeitgestaltung und vermittelt ihren Mitgliedern »Sinn«. Menschen, denen die örtliche Feuerwehr, so wie sie ist, Stabilität, ein Miteinander und die Möglichkeit eines sinnvollen und gesellschaftlich sehr geachteten Tuns bietet, sehnen sich in der Regel nicht nach großen Veränderungen. Es ist nachvollziehbar, dass sie einem Wandel ihrer »Heimat« skeptisch gegenüberstehen.

Ein interkultureller Öffnungsprozess, der die damit verbundenen Befürchtungen nicht ernstnimmt, sondern diese vorschnell als übertrieben abtut, wird vermutlich nicht erfolgreich sein. Es ist daher wenig sinnvoll, interkulturelle Öffnung »von außen« oder »von oben« (»top-down«) zu verordnen. Druck erzeugt in der Regel Widerstand. Die Kultur einer Organisation ändert sich am ehesten aus der Mitte der Institution. In den Worten von Panesar (2017, Seite 19): »Jeder interkulturelle Öffnungsprozess fängt beim Einzelnen an. Wer sich persönlich verändert, wirkt anders in sein Umfeld und setzt damit neue Impulse.« Benötigt werden daher »Agent*innen der Veränderung«. Dies sind im Idealfall innerhalb ihrer Feuerwehr angesehene Einzelpersonen, die eingespielte Wissens- und Handlungsroutinen in Frage stellen und ihren Kamerad*innen vorleben, dass und wie interkulturelle Veränderungsprozesse produktiv gestaltet werden können.

Es wäre allerdings falsch, ausschließlich auf Prozesse von unten (»bottom-up«) zu setzen und den Erfolg einer interkulturellen Öffnung der Überzeugungskraft einzelner Personen zu überlassen. Die Leitungen der örtlichen Feuerwehren und auch die übergeordneten Verbände und zuständigen Ministerien spielen für das Gelingen von Öffnungsprozessen eine ebenso wichtige Rolle. Ohne erkennbare Unterstützung in Wort und Tat können Veränderungsbestrebungen von unten schnell im Sande verlaufen. Statt interkulturelle Öffnung zu verordnen, ist es jedoch effektiver, günstige Rahmenbedingungen für Veränderungen herzustellen. Initiativen können angestoßen, flankiert und – unter Umständen auch finanziell – gefördert werden. Das Thema interkulturelle Öffnung kann in Aus- und Weiterbildungscurricula eingebaut werden. Es können außerdem Fortbildungen angeboten werden, die interkulturelle Inhalte in den Mittelpunkt stellen, Feuerwehrangehörigen neue Perspektiven zum Thema eröffnen und ihre interkulturelle Sensibilität stärken. Personen, die sich in diese Richtung weiterentwickeln, wirken als Multiplikator*innen in ihrer Feuerwehrorganisation. Werden sie »von oben« bestärkt, wird der Erfolg ihres Tuns wahrscheinlicher.

6 Interkulturelle Kompetenz

Alexander Scheitza & Rainer Leenen

Die interkulturelle Kompetenz von Feuerwehrangehörigen ist zum einen ein Bestandteil der interkulturellen Öffnung der Feuerwehr, zum anderen aber auch – ganz praxisorientiert – Voraussetzung für professionelles Handeln im Einsatzgeschehen. In Kapitel 4 haben wir die Herausforderungen beschrieben, die sich durch die zunehmende kulturelle Vielfalt der Gesellschaft für die Feuerwehr ergeben. Notfallbetroffene, Angehörige oder Zuschauer*innen verhalten sich unterschiedlicher und manchmal auch überraschend anders als erwartet; die Mitgliederwerbung in anderen kulturellen Milieus trifft auf unvertraute Vorstellungen und Motive und erfordert andere Vorgehensweisen als bisher. Die Feuerwehr mit ihrer vergleichsweise homogenen Mitgliederstruktur hat gerade erst begonnen, zu erkennen, dass heutzutage Erfolge in der Einsatzbewältigung und Mitgliederwerbung ganz entscheidend davon abhängen, wie aktuelle Herausforderungen interkultureller Art gelöst werden.

6.1 Stand der Forschung

Über »Interkulturelle Kompetenz« ist seit den 1980er Jahren im englischen Sprachraum und seit den 1990er Jahren auch in Deutschland viel publiziert worden. Einblicke in die angelsächsische Forschungsdiskussion liefern das »Handbook of Intercultural Training« in der 3. Auflage (Landis et al., 2004), »The SAGE Handbook of Intercultural Competence« (Deardorff, 2009) oder auch »The SAGE Encyclopedia of Intercultural Competence« (Bennett, 2015). In deutscher Sprache liefern die Veröffentlichungen von Straub et al. (2007) und Scheitza (2009) einen Überblick über aktuelle Forschungsansätze, Systematisierungen und Grundlagendebatten. Diese Arbeiten thematisieren unter anderem auch die Frage, ob es sich bei Interkultureller Kompetenz um ein verallgemeinerbares Konstrukt handelt oder ob je nach Anforderungssituation ganz andere Aspekte in Betracht gezogen werden müssen. Bezeichnenderweise überwiegen in jüngerer Zeit praxisorientierte Publikationen über konkrete Anwendungsfelder, z. B. für die Bereiche Gesundheit und Pflege (Roth & Ettling, 2014) oder für soziale und pädagogische Berufe (Zacharaki et al., 2016). Für den Notarzt- und Rettungsdienst liegt eine entsprechende praxisorientierte Publikation mit Fallbeispielen und Praxistipps vor (Machado, 2013) und für den Bereich des Bevölkerungsschutzes hat sich eine Projektgruppe der Universität Greifswald intensiv mit den erforderlichen interkulturellen Kompetenzen beschäftigt (Schmidt et al., 2018).

Die Argumentation, dass je nach Handlungsbereich ganz bestimmte Fähigkeiten für interkulturelle Kontaktsituationen relevant sind, ist zunächst sehr plausibel: Die Anforderungen an einen Sozialarbeiter in einem sozialen Brennpunkt in Berlin unterscheiden sich von denen, die an eine Diplomatin in Südamerika gestellt sind; eine Ärztin in einem Flüchtlingslager muss ganz andere Situationen bewältigen als der Manager einer Auslandsniederlassung in China. Es unterscheiden sich nicht nur die jeweils erforderlichen kulturspezifischen Kenntnisse und Fähigkeiten. Je nach beruflichem und sozialem Kontext trifft man auch auf spezifische Vorstellungen, Werte und Handlungskonzepte, mit denen man fachlich kompetent und kulturell sensibel umgehen können muss. Eine Ärztin sollte die Normalvorstellungen von Gesundheit und Krankheit oder auch spezifische Schamvorstellungen kennen, die ihre Klientel in die Praxis mitbringt; einem Lehrer sollten die gängigen Vorstellungen von Familie, Erziehung und Lernen vertraut sein, die bei den Eltern seiner Schüler*innen handlungsleitend sind. Für eine erfolgreiche Bewältigung interkultureller Herausforderungen muss also auch auf, für die berufliche Situation spezifisches, interkulturell relevantes fachliches Wissen und Können zurückgegriffen werden. Know-how, das sich im eigenen Kulturraum bewährt hat, muss, bei Bedarf, so transformiert werden, dass es Menschen mit anderen kulturellen Prägungen und Normalitätsvorstellungen erreicht.

Neben solchen kontextspezifischen Kompetenzen gibt es auch kontextübergreifende Fähigkeiten, die es erleichtern, in unterschiedlichen Handlungsfeldern auf die Anforderungen von Kulturbegegnung kompetent zu reagieren. Wenn Menschen aufeinandertreffen, die in unterschiedlichen Bedeutungswelten sozialisiert worden sind, ist die Wahrscheinlichkeit groß, dass sie ihre Aufmerksamkeit auf unterschiedliche Aspekte der Situationen richten, diesen andere Bedeutungen geben, daraus andere Schlüsse ziehen und schließlich anders handeln. Dies kann auf die Beteiligten sehr verwirrend und verunsichernd wirken. Das Ausmaß und die Wirkung kultureller Differenzen zu erkennen und konstruktiv mit Unklarheiten und Unsicherheiten einer interkulturellen Begegnung umzugehen, ist, unabhängig vom konkreten Handlungsfeld, eine grundlegende Anforderung an Personen in sogenannten kulturellen Überschneidungssituationen.

Neben diesen kulturallgemeinen und den kultur- und kontextspezifischen Kompetenzen spielen unserer Meinung nach auch grundlegende Persönlichkeitseigenschaften eines Menschen sowie seine Selbst- und Sozialkompetenzen bei der Bewältigung interkultureller Herausforderungen eine Rolle. Wir schlagen daher ein Modell von Interkultureller Kompetenz vor, das insgesamt fünf Bereiche unterscheidet (vgl. Leenen, 2019 a).

6.2 Fünf Bereiche Interkultureller Kompetenz

Personale Kompetenzen
Wir gehen davon aus, dass bestimmte Persönlichkeitsmerkmale oder Persönlichkeitseigenschaften den unverzichtbaren Kern bzw. die Basis interkultureller Kompetenzen bilden. Diese werden von Deller & Albrecht (2007) als »eine relativ stabile und zeitlich überdauernde Verhaltensanlage« definiert. Die Autoren vertreten die Ansicht, dass die in Kulturbegegnungssituationen geforderte psychische Anpassungsleistung insbesondere emotionale Stabilität und Fähigkeiten der Stressbewältigung voraussetzt. Ebenso gehören die miteinander verwandten Eigenschaften Offenheit und Ambiguitätstoleranz zu den interkulturell besonders relevanten Persönlichkeitsmerkmalen. Ambiguitätstoleranz beschreibt die Fähigkeit, Widersprüche und Mehrdeutigkeiten in Situationen und Handlungsweisen zu ertragen, ohne sich unwohl zu fühlen oder aggressiv zu reagieren. Die Offenheit einer Person wird von vielen Autor*innen als eine grundlegende Persönlichkeitsvoraussetzung für erfolgreiche interkulturelle Lernprozesse angesehen (z. B. Berry, 2004). Sie wird in der Forschung als eine psychologische Tendenz charakterisiert, neue Informationen leicht aufzunehmen und veränderten Umständen relativ unbefangen und mit wenig Widerstand zu begegnen.

Selbst- und Sozialkompetenzen
Interkulturell relevante Selbstkompetenzen sind z. B. die Fähigkeit zur differenzierten Selbstwahrnehmung und zur realistischen Selbsteinschätzung. Ohne diese ist die Wirkung des eigenen kulturbestimmten Handelns in der Interaktion nicht abschätzbar, was unter Umständen bedeutsamer sein kann als die immer wieder beschworene Fähigkeit zur Perspektivenübernahme, die zu den Sozialkompetenzen zu zählen ist. Krewer & Scheitza (1995) unterscheiden selbstbezogene, partnerbezogene und interaktionsbezogene Sozialkompetenzen: Die selbstbezogenen Sozialkompetenzen zielen auf Fähigkeiten des Identitätsmanagements angesichts eines in interkulturellen Begegnungen herausgeforderten Selbstkonzeptes. Dazu gehört z. B. die Fähigkeit, sich auch einem anderskulturellen Gegenüber als vertrauenswürdig und kompetent darzustellen, sein Gesicht wahren und Identität ›aushandeln‹ zu können. Bei den partnerbezogenen Sozialkompetenzen geht es vor allem um die Fähigkeit, andere kulturelle Perspektiven einnehmen zu können und um die Qualität der Fremdwahr-

nehmung. Interaktionsbezogene Sozialkompetenzen beziehen sich auf die Fähigkeit, Beziehungen aufbauen bzw. aufrechterhalten zu können und sich auf diese Weise soziale Unterstützung zu sichern.

Kulturallgemeine Fähigkeiten
Wie bereits erläutert, ist die besondere Bedeutung sogenannter kulturallgemeiner Fähigkeiten darin zu sehen, dass sie zur Bewältigung sehr unterschiedlicher Kulturkontaktsituationen befähigen. Voraussetzungen für den erfolgreichen Umgang mit den Herausforderungen kultureller Begegnungssituationen ist z. B. die grundsätzliche Bewusstheit der Kulturabhängigkeit des eigenen und fremden Denkens, Deutens und Handelns oder ein generelles Verständnis für die möglichen Bruchstellen und Missverständnisse in der interkulturellen Kommunikation (Paige, 1993). J. M. Bennett (2009) zählt zu diesen kulturallgemeinen Fähigkeiten auch das Wissen über Bereiche und Dimensionen kultureller Unterschiedlichkeit. Sie spricht von »kulturellen Orientierungskarten« (culture maps), mit deren Hilfe man eigene und fremde kulturelle Orientierungsmuster in Bezug zueinander setzen bzw. ›positionieren‹ kann. Kulturelle Orientierungskarten können sich beispielsweise auf Kommunikations-, Konflikt-, Denk-, Argumentations- oder Lernstile beziehen.

Kulturspezifische Fähigkeiten
Kulturspezifische Kompetenz lässt sich vor allem als Vertrautheit mit den Bedeutungsmustern einer anderen Kultur fassen. Welche Formen der verbalen und nonverbalen Kommunikation sind üblich? Welche Bedeutung haben Gesten, wie werden Gefühlszustände mimisch ausgedrückt? Wie begrüßt man sich? Welche Vorstellungen gibt es vom Verhalten zwischen Alt und Jung, Männern und Frauen? Gibt es Themen oder Speisen, Getränke, Kleidungsstücke etc., die entweder besonders hervorgehoben oder aber tabuisiert werden? Mit den Ergebnissen der Erforschung von Kulturen lassen sich Bibliotheken füllen. Hilfreich ist darüber hinaus das Wissen über die Geschichte einer kulturellen Gruppe. Gibt es beispielsweise historische Erinnerungen an Krieg, Vertreibung, Diskriminierung oder auch Naturkatastrophen, die bestimmte Einstellungen und Haltungen prägen? In vielen Auflistungen interkultureller Kompetenzmerkmale wird Sprachkompetenz sträflich vernachlässigt, obwohl »die Möglichkeit der Partizipation an einer (fremd-) kulturellen Lebensform oft ganz direkt von der Fähigkeit abhängig (ist), Sprachspiele ›mitspielen‹ zu können. Lebensformen, Weltbilder oder Weltansichten bleiben ohne Fremdsprachenkompetenz häufig fremd« (Straub, 2018).

Interkulturelle Fachlichkeit
Bei Interkultureller Fachlichkeit geht es darum, beruflich-fachliche Kompetenzen mit den genannten kulturallgemeinen und kulturspezifischen Fähigkeiten zu verschränken. Straub & Zielke (2007) fordern zu diesem Zweck eine Analyse des Handlungsfeldes und der sich aus interkultureller Sicht ergebenden spezifischen Anforderungen (Anforderungsanalyse). Da uns keine entsprechende Untersuchung für die Feuerwehr bekannt ist, haben wir versucht, mit Hilfe einer empirischen Studie erste Einblicke in die interkulturellen Anforderungen bei der Feuerwehr zu gewinnen.

6.3 Feuerwehrspezifische interkulturelle Kompetenzen

Um nicht nur oberflächliche Eigenschaftsbeschreibungen zu erfassen, sondern einen möglichst tiefen Einblick in interkulturelle Anforderungen einer Tätigkeit bei der Feuerwehr zu gewinnen, haben wir uns für eine Erhebungsmethode entschieden, die konkrete Interaktionssituationen, Verhaltensbeschreibungen und Erfahrungen ans Tageslicht bringt. Mit einem Interviewverfahren auf Grundlage der Repertory Grid Methode von Kelly (1991) haben wir an anderer Stelle bereits das interkulturelle Anforderungsprofil für den Polizeidienst konkretisiert (Leenen et al., 2014). Das REP-Interview ist eine standardisierte, teilstrukturierte Befragungstechnik, die es ermöglicht, subjektive Einschätzungen (Konstrukte) von Personen zu erfassen. Kern der Befragung ist die Erhebung von Konzepten, mittels derer die Befragten aufgrund ihrer Erfahrungen Unterschiede zwischen verschiedenen Akteuren (z. B. für ein Tätigkeitsfeld geeigneter vs. weniger geeigneter Personen) machen. Diese Konzepte werden in einer Tabelle (Grid) in Form von kurzen Beschreibungen festgehalten. Das Erkennen der interkulturellen Anteile einer Arbeitssituation setzt eine gewisse Vertrautheit mit interkulturellen Themen voraus und die Fähigkeit, kulturelle Faktoren zu identifizieren sowie deren Wirkung zu reflektieren. Aus diesem Grund wurden für die Teilnahme an der Untersuchung gezielt solche Feuerwehrangehörige angesprochen, die sich bereits mit interkulturellen Fragestellungen bei der Feuerwehr befasst hatten.

Leitfaden des Interviewverfahrens nach REP-Methodik

1. Einführung und Vorbereitung
   a) Erläuterung des Untersuchungskontexts und -ziels, Kennzeichen guter interkultureller Feuerwehrarbeit zu erfassen sowie des Ablaufs des Erhebungsverfahrens.
   b) Zusicherung von Anonymität bei der Auswertung und Einholen der Erlaubnis einer Tonaufnahme.
   Vorstellung zweier Facetten interkultureller Feuerwehrarbeit, auf die während des Interviews fokussiert wird:
   Aufgabenbewältigung im Notfalleinsatz: Das Ausmaß, in dem die anstehenden Aufgaben von dem/der Feuerwehrangehörigen gerade in Situationen mit kultureller Vielfalt gut bewältigt werden.
   Kollegialität/Kameradschaftliches Miteinander: Das Ausmaß, in dem der/die Feuerwehrangehörige mit den unterschiedlichsten Kolleg*innen gut zusammen arbeiten kann und von diesen als kompetente*r und beliebte*r Kolleg*in gesehen wird.
2. Verfahrensablauf
   a) Die Interviewteilnehmenden bilden sog. »Elemente«, d.h. sie ordnen reale Kolleg*innen der Gegenwart oder jüngeren Vergangenheit in ein Schema mit allen Kombinationen positiver und neutraler/negativer Ausprägungen der Merkmale Aufgabenbewältigung und Kollegialität (Beispiel für ein »Element«: ein*e Kolleg*n mit den Merkmalen positive Aufgabenbewältigung und neutrale bis negative Kollegialität). Durch die Kombination von zwei Merkmalen mit jeweils zwei Ausprägungen ergeben sich insgesamt vier Elemente.
   b) Die Befragten benennen und erläutern Gemeinsamkeiten und Unterschiede zwischen den mit Personen belegten Elementen. Diese Vergleiche erfolgen mit Hilfe einer Zufallstabelle. Es werden drei Elemente gemäß dieser Tabelle miteinander verglichen und Ähnlichkeiten und Unterschiedlichkeiten zwischen den diesen Elementen zugeordneten Personen beschrieben (z. B. Elemente 1-2-4; 2-3-4 etc.).

Die Leitfrage für diese Dreiervergleiche lautet:
»Bitte überlegen Sie, was zwei der Elemente gemeinsam haben und was sie damit vom dritten Element unterscheidet.«

Zur Konkretisierung von Verhaltensmerkmalen wird nachgefragt:
»Wie zeigt sich dieser Unterschied im Verhalten?«
»Was tun/machen diese beiden, wenn sie dieses Merkmal zeigen?«
»Was tut/macht dagegen die/der andere?«
»Können Sie mir eine Beispielsituation schildern, wo dieser Unterschied deutlich wird?«

6.3 Feuerwehrspezifische interkulturelle Kompetenzen

Tabelle 4 gibt einen Überblick über Zusammensetzung der Untersuchungsstichprobe.

Tabelle 4: *Zusammensetzung der Untersuchungsstichprobe*

Teilnehmer insgesamt	21
Frauen	1
Männer	20
ohne Migrationshintergrund	17
mit Migrationshintergrund	4
Bis 25 Jahre alt	1
26–54 Jahre alt	16
Über 55 Jahre alt	4
Führungsfunktion	18
Keine Führungsfunktion	3
< 5 Jahre in der Einsatzabteilung	0
5–10 Jahre in der Einsatzabteilung	1
11–20 Jahre in der Einsatzabteilung	3
> 20 Jahre in der Einsatzabteilung	17
0–5 interkulturelle Situationen pro Jahr*	8
6–20 interkulturelle Situationen pro Jahr*	9
> 20 interkulturelle Situationen pro Jahr*	4

* = Durchschnittswerte für die letzten fünf Jahre)

Die Interviews hatten eine Länge von 25–45 Minuten. Die Tonaufzeichnungen wurden im Anschluss an die Interviews verschriftlicht. Die Auswertung der REP-Interviews orientierte sich an der Inhaltsanalyse nach Mayring (2015) und vollzog sich in vier Schritten:

1. Herausarbeiten von Verhaltensbeschreibungen
In den Transkripten der Interviews wurden die Textstellen markiert, in denen eine produktive oder unproduktive Verhaltensweise von Feuerwehrangehörigen beschrieben wurde. Aussagen der Befragten über allgemein »gutes« oder »schlechtes«

Feuerwehrverhalten oder über eigenes Verhalten wurden ebenfalls in die Auswertung aufgenommen (produktive/»gute« und unproduktive/»schlechte« Verhaltensweisen wurden entsprechend gekennzeichnet). Alle markierten Äußerungen wurden im Originalwortlaut in eine Auswertungstabelle übertragen

2. Transformation zu Verhaltensparaphrasen
Die Originalzitate wurden zu verhaltensbeschreibenden Aussagen mit einer vereinheitlichten Satzstruktur transformiert (Subjekt-Prädikat-Objekt-Struktur).

3. Verdichtung zu Kompetenzaspekten (Clusterbildung)
Für inhaltlich ähnliche Verhaltensbeschreibungen wurden gemeinsame Überschriften gesucht. Dem Ansatz der Grounded Theory (Glaser & Strauss, 1967) folgend, wurden diese Cluster im Verlauf der Durchsicht von Verhaltensparaphrasen immer wieder modifiziert, geteilt bzw. verbunden.

Tabelle 5 zeigt beispielhaft den Auswertungsprozess von einem Originalwortlaut zum Kompetenzaspekt.

Tabelle 5: *Auswertungsbeispiele für eine Verhaltensbeschreibung aus dem REP-Interview*

Wortlaut:	Paraphrase:	Kompetenzaspekt:
»(…) da wird dann eben doch ganz viel nach Schema A-F abgearbeitet. Ohne zu gucken, ob man vielleicht noch auf besondere Sachen Acht geben muss, muss ich vielleicht in dem Fall mal was anders machen. Gerade in Bezug auf so interkulturelle Geschichten beim Einsatz.«	Führt Einsatz nach Schema durch.	Regeltreue (Unflexibilität) (Aufgabenbewältigung/unproduktiv)
»(…) dass Leute dem Geflüchteten aus Syrien geholfen haben eine Wohnung zu finden und mit ihm gemeinsam auch die Wohnung renoviert haben oder so eingerichtet haben, dass er darin leben kann. Ein paar Sachen, jeder hat noch irgendwas gehabt, halt mitgebracht haben.«	Helfen dem Geflüchteten bei der Bewältigung von Problemen (Wohnung finden, einrichten).	Hilfsbereitschaft gegenüber Kamerad*innen (Kollegialität/produktiv)

6.3 Feuerwehrspezifische interkulturelle Kompetenzen

Die REP-Interviews erwiesen sich als reichhaltige Quelle der Beschreibung von, aus interkultureller Sicht, produktiven und kontraproduktiven Verhaltensweisen aus der Feuerwehrpraxis. In den 21 Interviews konnten insgesamt 1030 Verhaltensbeschreibungen kodiert werden. Diese haben wir verdichtet und sortiert (nach den in den Interviews abgefragten Bereichen Aufgabenbewältigung im Notfalleinsatz und Kollegialität/Kameradschaftliches Miteinander) und haben innerhalb dieser beiden Bereiche zwischen produktiven und unproduktiven Aspekten unterschieden. Tabelle 6 stellt die Kompetenzaspekte für die Aufgabenbewältigung in Notfalleinsätzen der Feuerwehr und (in der Klammer) die Häufigkeit ihres Auftretens in der Befragung dar.

Tabelle 6: *Interkulturelle Kompetenzaspekte für die Aufgabenbewältigung im Notfalleinsatz der Feuerwehr*

Produktive Aspekte (Häufigkeit)	Unproduktive Aspekte (Häufigkeit)
Erkennen kultureller Muster (23)	Festhalten an Einsatzroutinen (18)
Kulturangepasste Lösungen (20)	Abfällige/Negative Äußerungen über Migrant*innen (12)
Sich kümmern (mehr als Standard) (17)	Ablehnende Haltung ggü. Migrant*innen (12)
Erklären von Feuerwehr-Verhalten (17)	Impulsivität/Erregtheit (7)
Vertrauenswürdigkeit/Beziehungsorientierung (15)	Autoritäres Auftreten (7)
Gleichbehandlung (15)	Geringe Abweichungstoleranz (7)
Überlegtes Handeln/Ruhe & Geduld (14)	Regeltreue (Unflexibilität) (6)
Kulturelles Wissen (12)	Zurückhaltung/Passivität (6)
Variable Kommunikationstechniken (11)	Fremdenfeindliches Auftreten (6)
Kontaktfreudigkeit (11)	Fehlende Empathie (4)
Fähigkeit umzudenken/Flexibilität (10)	Gleichgültigkeit (4)
Nutzung von einfacher Sprache (9)	Kommunikationsverweigerung (4)
Keine Ausländerfeindlichkeit (verbal) (9)	Statusorientierung (3)
Sensible Selbstdarstellung (9)	Fehlende Anpassungsbereitschaft (3)
Akzeptanz von Unterschieden (9)	Vermeidungsverhalten (3)
Nutzen von Unterstützung (8)	Vorurteile/Voreingenommenheit (3)
Deeskalationsfähigkeit (8)	Unangepasste Sprache/Kommunikation (3)
Respektvolles Verhalten (7)	Fehlende Reflexionsfähigkeit (3)
Nutzung von Fremdsprachen (6)	Minimalismus (nicht mehr machen als nötig) (3)
Freundlichkeit (6)	Fehlendes Kulturwissen (3)
Selbstkritik/Reflexion (4)	Lokalpatriotismus (3)
Überblick gewinnen (4)	
Zielstrebigkeit (3)	
Schaffen von Begegnungsmöglichkeit (2)	

6 Interkulturelle Kompetenz

Eine interkulturelle Situation als eine solche zu erkennen ist offensichtlich die zentrale Voraussetzung für eine erfolgreiche Bewältigung von Einsätzen bei Menschen anderer kultureller Herkunft. Das ist weniger banal als es sich anhört und der Blick auf andere als produktiv oder unproduktiv bezeichnete Verhaltensweisen zeigt, in welchem Zusammenhang die Spitzenposition von »Erkennen kultureller Muster« zu deuten ist. Ist Kultur als relevanter Faktor identifiziert, soll er aus Sicht der befragten Feuerwehrangehörigen nicht übergangen und übliche Einsatzroutinen durchgesetzt werden. Im Gegenteil: Nach Meinung der Befragten sind Kamerad*innen, die sich adaptiv verhalten (»Kulturangepasste Lösungen«, »Erklären von Feuerwehrverhalten«, »Variable Kommunikationstechniken«, »Nutzung einfacher Sprache«) und ruhig, freundlich und respektvoll auftreten, in interkulturellen Einsatzsituationen besonders erfolgreich. Eine »So-wie-immer-Haltung« (»Festhalten an Einsatzroutinen«, »Geringe Abweichungstoleranz«, »Regeltreue/Unflexibilität«) wird hingegen einhellig für kontraproduktiv gehalten. Statt eines impulsiven, autoritären oder auch gleichgültigen Auftretens haben sich aus Sicht der Befragten bei Einsätzen Unaufgeregtheit, Freundlichkeit und Respekt bewährt. Dass »Abfällige/Negative Äußerungen über Migrant*innen«, ein »Fremdenfeindliches Auftreten« sowie eine »Ablehnende Haltung gegenüber Migrant*innen« in interkulturellen Einsatzsituationen nicht zum Erfolg führen, überrascht nicht. Die Vielzahl der Nennungen im Bereich von Fremdenangst und Ablehnung von Fremdheit lässt erkennen, dass solche Verhaltensweisen nicht selten die Einsatzbewältigung beeinträchtigen. Ein interessanter und sehr feuerwehrspezifischer Aspekt ist »Sich kümmern (mehr als Standard)«, der bei den positiven Kompetenzaspekten den dritten Rang einnimmt. Eine interkulturell kompetente Feuerwehrfrau und ein interkulturell versierter Feuerwehrmann realisieren, dass Notfallbetroffene mit Migrationshintergrund über weniger Systemkenntnis verfügen, vielleicht auch weniger Vertrauen in die Feuerwehr haben und daher auch mehr Zuwendung und Unterstützung brauchen. Und sie sind ohne weiteres bereit, für diesen Zweck auch mehr Zeit und Energie zu investieren als üblich.

In Tabelle 7 sind die Kompetenzaspekte für Kollegialität und kameradschaftliches Miteinander in der Feuerwehr mit ihrer Auftretenshäufigkeit aufgeführt.

6.3 Feuerwehrspezifische interkulturelle Kompetenzen

Tabelle 7: *Interkulturelle Kompetenzaspekte für Kollegialität und kameradschaftliches Miteinander in der Feuerwehr*

Produktive Aspekte (Häufigkeit)	Unproduktive Aspekte (Häufigkeit)
Hilfsbereitschaft gegenüber Kamerad*innen (29)	Fremdenfeindlichkeit (Worte/Haltung) (22)
Einbindung von/Zugewandtheit zu Migrant*innen (25)	Zurückhaltung/Gleichgültigkeit (15)
Förderung von Zusammenhalt (18)	Ich-Bezogenheit (13)
Offenheit (Zwischenmenschlich) (13)	Geringer Kameradschaftsgeist (11)
Gleichbehandlung (12)	Diskriminierendes Verhalten (12)
Erklären der Feuerwehr-Arbeit (11)	Schuldzuweisungen (8)
Eingestehen von Schwächen und Fehlern (10)	Anpassungsresistenz (6)
Positionierung gegenüber Ausländerfeindlichkeit (9)	Überbetonung von Sprachkompetenz (5)
Respekt (9)	Fehlende Kritik/Reflexionsfähigkeit (5)
Soziale Verträglichkeit (angenehmer Mensch) (8)	Geringes Engagement (»Drückebergerei«) (4)
Kommunikationsfähigkeit (7)	Ablehnung interkultureller Weiterbildungen (2)
Realistische Erwartungen an Migrant*innen (7)	
Offenheit für Innovationen und Veränderungen (6)	
Förderung von Austausch (privat und FW) (5)	
Rücksichtnahme/Empathie (4)	
Bescheidenheit (3)	
Vermittlung bei Konflikten (3)	

Im Innenverhältnis der Feuerwehr zeigt sich interkulturelle Kompetenz dadurch, dass wesentliche Bestandteile von Feuerwehrkultur (vgl. Kapitel 3) auch im Miteinander mit Kamerad*innen mit Migrationshintergrund zum Tragen kommen: Diesen sollte vor allem nicht feindlich oder diskriminierend gegenübergetreten werden. Zwischen Kamerad*innen mit und ohne Migrationshintergrund sollte kein Unterschied gemacht werden (»Gleichbehandlung«). Als besonders interkulturell kompetent werden jene Angehörige der Feuerwehr beschrieben, die ihren Kamerad*innen – auch jenseits des Feuerwehrlebens – helfen (»Hilfsbereitschaft gegenüber Kamerad*innen«) und die sich bemühen, Migrant*innen, die den Weg in die Feuerwehr gefunden haben, in die Feuerwehrarbeit einzubinden (»Einbindung/Zugewandtheit zu Migrant*innen«). Dass dies mit Aufwand verbunden ist, ist den Befragten klar.

6 Interkulturelle Kompetenz

Unproduktiv sind daher nicht nur ausländerfeindliche Haltungen oder Verhaltensweisen, sondern auch »Zurückhaltung/Gleichgültigkeit« und »Ich-Bezogenheit«. Ein interkulturell kompetentes Mitglied der Feuerwehr zeigt nicht nur Engagement für die Integration von Kamerad*innen mit nicht-deutschen Wurzeln, sondern positioniert sich auch gegen jede Form von Fremdenfeindlichkeit in seiner Feuerwehr. Es weiß, dass Menschen die nicht (nur) in Deutschland sozialisiert sind, oft mehr Zeit brauchen, um in die Einsatzabteilung hineinzuwachsen (»Realistische Erwartungen an Migrant*innen«). Während ein inkompetentes Feuerwehrmitglied die Sprachbarriere überbetont, ist ein/e im Innenverhältnis kompetente/r Feuerwehrmann/Feuerwehrfrau bereit, andere Gewohnheiten für das soziale Miteinander zu berücksichtigen (»Offenheit für Innovationen und Veränderungen«, »Rücksichtnahme/Empathie«) und sich die Zeit für das »Erklären der Feuerwehrarbeit« zu nehmen.

Die dargestellten Forschungsergebnisse geben wichtige Impulse für die inhaltliche Gestaltung interkultureller Weiterbildungsprogramme, die wir im folgenden Kapitel darstellen.

7 Vermittlung interkultureller Kompetenz bei der Feuerwehr

Alexander Scheitza

Wie in Kapitel 5 dargestellt, sind Weiterbildungen ein zentrales Element interkultureller Öffnungsprozesse. Im letzten Kapitel haben wir deutlich gemacht, welche Kompetenzen die Feuerwehr konkret benötigt, um zum einen den interkulturellen Herausforderungen im Einsatzgeschehen erfolgreich zu begegnen und zum anderen Menschen mit nicht-deutschen Wurzeln in die Feuerwehr aufzunehmen und nachhaltig zu integrieren. Wie diese Kompetenzen vermittelt werden können, ist das Thema dieses Kapitels.

7.1 Ziele interkultureller Trainings

Die Vermittlung interkultureller Fähigkeiten unterscheidet sich grundlegend von technischen Weiterbildungen der Feuerwehr und ähnelt am ehesten Schulungen sogenannter »Soft skills« wie beispielsweise Führungstrainings. Bei interkultureller Kompetenz geht es um den Umgang mit Menschen. Die Situationen, in denen interkulturelle Kompetenz gefordert ist, sind immer neu und einzigartig. Auch wenn Personen zur gleichen Zeit in einem ähnlichen kulturellen Umfeld sozialisiert wurden, ist ihr Denken, Fühlen und Handeln immer auch von persönlichen Erfahrungen und Gemütszuständen sowie von den Handlungsmöglichkeiten in einer ganz konkreten Situation abhängig. Kultur wirkt also nicht mechanistisch, klar fassbar und für alle Mitglieder einer kulturellen Gruppe gleichermaßen oder in gleicher Form. Handlungsanweisungen im Wenn-dann-Format (algorithmisches Handeln) können daher kein Ziel interkultureller Fortbildungen sein. Stattdessen geht es in interkulturellen Trainings darum, Verständigungsprobleme, die aus einer anderen Weltsicht rühren, zu erkennen und kommunikative Hürden bei der Herstellung von Verständigung zu überwinden. Die Teilnehmer*innen interkultureller Fortbildungen werden angeregt, kulturelle Faktoren als verhaltensbeeinflussende Faktoren mitzudenken, ihre mögliche Wirkung aufzuspüren und diese bei der Entwicklung eigener Handlungsoptionen zu berücksichtigen. Letztlich geht es bei interkulturellen Trainings darum,

- eine offene und positive Haltung zu kultureller Vielfalt einzunehmen,
- um die Entwicklung feinerer Sensoren für die Ursachen von Verhalten,

- um die Fähigkeit, die Beweggründe eines Verhaltens zu identifizieren und
- um den Ausbau der eigenen Handlungsmöglichkeiten.

Interkulturelle Fortbildungen orientieren sich stärker an einem heuristischen Lernansatz, bei dem es darum geht, mit begrenztem Wissen und unvollständigen Informationen zu guten Lösungen zu kommen.

In den vergangenen Jahrzehnten hat sich ein umfangreiches Repertoire interkultureller Trainingsmethoden entwickelt. Einen Überblick über didaktische Konzepte, methodische Zugänge, Lehr-/Lernmedien sowie Einsatz- und Anwendungsszenarien in deutscher Sprache bietet das »Handbuch Methoden interkultureller Weiterbildung« von Leenen (2019 b). Ein pädagogischer Leitfaden sowie Materialien speziell für interkulturelle Fortbildungen im Bevölkerungsschutz wurden von Hannig et al. (2016) vorgeschlagen.

Grundsätzlich halten wir den Einsatz von erfahrungsorientierten Methoden für wichtig, da diese eine kritische Auseinandersetzung mit der eigenen Wahrnehmung und Informationsverarbeitung ermöglichen. Für interaktives Lernen und eine Analyse und Diskussion individueller Erfahrungen sollte eine Gruppengröße von 15 Personen nicht überschritten werden. In einem eintägigen Programm können Teilnehmende einen ersten Einblick in interkulturelle Fragestellungen gewinnen. Für nachhaltige Veränderungen ist jedoch mehr Zeit erforderlich. Programme, die aus mehreren thematischen Modulen zusammengesetzt sind und die auch Phasen des Online-Learnings enthalten können, haben sich besonders bewährt.

Bei Teilnehmenden, die sich noch nicht mit interkulturellen Themen befasst haben, halten wir es für wichtig, zunächst ganz allgemein die Wirkung von Kultur auf menschliches Verhalten zu beleuchten und kulturelle Unterschiede in der Wahrnehmung, Deutung sowie dem Umgang mit Ereignissen zu thematisieren. Welche Themen danach in welcher Breite oder Tiefe in eine Weiterbildung integriert werden, hängt von den Vorkenntnissen der Gruppe sowie von den konkreten Herausforderungen ab, für die die Teilnehmenden gestärkt werden sollen. Zum Abschluss interkultureller Weiterbildungsveranstaltungen sollte der Transfer interkulturellen Grundlagenwissens in die eigene Handlungspraxis diskutiert und eingeübt werden. Follow-up-Veranstaltungen bieten die Möglichkeit, die Wirkungen von modifiziertem Handeln im Arbeitsalltag zu reflektieren und dieses gegebenenfalls zu justieren.

Ausgehend von den dargestellten interkulturellen Herausforderungen der Feuerwehr (vgl. Kapitel 4 und 5) sowie unserer Konkretisierung interkultureller Kompetenz für die Feuerwehr (vgl. Kapitel 6) schlagen wir im Folgenden Trainingsbausteine für interkulturelle Feuerwehr-Trainings vor.

7.2 Baustein »Bedeutung des Faktors Kultur«

Bei der Deutung des Verhaltens anderer Menschen greifen wir häufig auf Vorannahmen über soziales Handeln (bzw. die Welt an sich) zurück. Diese Annahmen sind jedoch nicht allgemeingültig, sondern entspringen einer spezifischen kulturellen Perspektive. Was uns »natürlich«, »logisch« oder »dem gesunden Menschenverstand entsprechend« erscheint, kann unter Umständen ganz anders gemeint sein oder verstanden werden. In Kapitel 4 haben wir beispielsweise dargestellt, dass eine Gruppenbildung am Einsatzort oder ein starker Ausdruck von Emotionen aus einer deutschen Perspektive schnell als Aggression interpretiert werden können, die tatsächlichen Beweggründe aber anders gelagert sein können.

Wie sehr die eigene kulturzentristische Perspektive die Verarbeitung von Informationen beeinflusst und welche Rolle individuelle, aber auch kulturell vermittelte Bewertungsmuster spielen, lässt sich durch Wahrnehmungsübungen vermitteln. In Übungen wie »Die kulturelle Brille – Besuch auf der Insel Albatros« (Ulrich, 2000) werden die Teilnehmenden mit einem »sonderlichen« Verhalten von Rollenspielenden konfrontiert und erleben, wie sie fast automatisch ihre eigenen Deutungsmuster und Bewertungsmaßstäbe an das beobachtete Verhalten anlegen, ohne das bewusst kontrollieren zu können. Die Übung »Weltkarte malen« (vgl. Grosch, 2019a, siehe Bild 15) verfolgt ein ähnliches Ziel, indem sie den Kulturzentrismus der eignen Weltsicht aufzeigt. Personen, die aufgefordert werden, spontan eine Weltkarte zu skizzieren, positionieren fast ausnahmslos ihr Heimatland in der Mitte des Bildes und fast immer überdimensional groß. Regionen, die man gut kennt, werden abgebildet (Italien-Urlaub!), andererseits fehlen mitunter ganze Kontinente.

Ein interaktiver Vortrag zur Wirkung von Kultur, zu Kulturzentrismus sowie zur Entstehung falscher Schlussfolgerungen hilft, die am eigenen Leib erlebten Erfahrungen einzuordnen und Schlüsse für das eigene Handeln in kulturellen Überschneidungssituationen zu ziehen. Um die Auswirkungen verschiedenartiger Weltsichten zu erkennen, ist es wichtig, sich nicht nur rational mit den eigener Richtigkeitsvorstellungen zu befassen. Die affektive Erfahrung von »Befremdung« hilft, sich der sozialen Wirkmächtigkeit von kultureller Differenz bewusster zu werden.

7 Vermittlung interkultureller Kompetenz bei der Feuerwehr

Bild 15: »Weltkarte malen« – eine Übung zum Kulturzentrismus der eigenen Weltsicht (Quelle: Alexander Scheitza)

7.3 Baustein »Kulturelle Unterschiede«

Die interkulturelle Forschung hat in den vergangenen Jahrzehnten verschiedene Vorschläge hervorgebracht, Varianten menschlichen Verhaltens in sogenannten Kulturdimensionen zu systematisieren (Hall & Hall, 1989; Hofstede et al., 2017; Kluckhohn & Strodtbeck, 1961; Trompenaars, 1993; House et al., 2004; Huijser,

7.3 Baustein »Kulturelle Unterschiede«

2006). Solche Kulturdimensionen beschreiben allgemeine Handlungsorientierungen, die zwischen Kulturen variieren können, sich innerhalb einer Kultur aber in unterschiedlichen Handlungskontexten bemerkbar machen. Da sie Kulturunterschiede auf einer Makroebene erkennbar und verständlich machen, eignen sie sich für die Erweiterung kulturellen Wissens unabhängig von spezifischen Kulturen. Für den Einstieg in das Thema empfiehlt sich eine Selbsteinschätzungsübung, bei der sich die Teilnehmenden zu vorgegebenen Fragen äußern, deren Beantwortung einen Einblick in ihre eigenen Handlungspräferenzen ermöglicht (vgl. Scheitza, 2019). Die Übung regt an, sich mit den eigenen Werthaltungen auseinanderzusetzen. In einer sich anschließenden foliengestützten Präsentation können verschiedene – vor allem für den Kontext Feuerwehr relevante – Unterschiedsdimensionen vorgestellt, anhand von Beispielen veranschaulicht sowie die Vor- und Nachteile unterschiedlicher Orientierungen gemeinsam mit der Gruppe herausgearbeitet werden (vgl. Bild 16). Mit Hilfe einer Gruppenarbeit kann der Transfer des erworbenen theoretischen Wissens in die Praxis geübt werden. Die Arbeitsgruppen bekommen dabei verschiedene Personenbeschreibungen entlang der Kulturdimensionen und sollen sich überlegen, was beim Umgang mit einer Person, die auf die vorgegebene Art »tickt«, besonders zu berücksichtigen ist.

Die dargestellten Unterschiedsdimensionen in Bild 16 sind nicht als »Entweder-oder«, sondern als Kontinuum zu verstehen. In unterschiedlichem Maße kann man eher die eine oder andere Orientierung bevorzugen. Innerhalb jeder Kultur gibt es auf der Ebene von Einzelpersonen für jede Dimension eine breite Variation an Orientierungen. Nichts destotrotz unterscheiden sich die Durchschnittswerte von Kulturen: In Deutschland neigt man eher zu den Orientierungen auf der linken Seite, in vielen Herkunftsländern von Migrant*innen zu denen auf der rechten Seite.

Kulturelle Unterschiede im Kommunikationsverhalten lassen sich in Form eines interaktiven Vortrags vermitteln. In diesem Vortrag werden Varianten des verbalen, paraverbalen und nonverbalen Kommunikationsverhaltens vorgestellt. Die Teilnehmenden haben die Möglichkeit, ihre eigenen Erfahrungen einzubringen und zu diskutieren. Dabei sollte den Gründen der behandelten Phänomene nachgegangen werden und auch besprochen werden, warum diese bei einem Gegenüber Irritationen auslösen können. Das Irritationspotenzial ungewöhnlicher Verhaltensweisen in der Kommunikation kann durch eine Interaktionsübung wie »Chatter« (Thiagarajan, 2004) veranschaulicht werden. Die Teilnehmenden werden dabei aufgefordert, Paare zu bilden und ein Gespräch zu führen. Eine*r der Gesprächspartner*innen (oder auch beide) ist dabei so instruiert, dass er/sie ein ungewöhnliches Verhalten im Bereich der verbalen, paraverbalen und nonverbalen Kommunikation zeigt (z. B. Vermeidung von Blickkontakt, besonders leises oder lautes Sprechen, intensives

7 Vermittlung interkultureller Kompetenz bei der Feuerwehr

Ich-Orientierung ↔ Wir-Orientierung
Grundkonflikt:
Sind Selbstverwirklichung und persönliche Freiheiten wichtiger oder sollte man sich an den Interessen der Gruppe (z.B. Großfamilie) orientieren, der man angehört und die einen im Notfall auch unterstützt?
Beispiele aus dem Feuerwehralltag:
• Bei einem Einsatz bildet sich eine Menschenmenge aus Angehörigen der Notfallbetroffenen, die die Rettung erschwert.
• Bei der Werbung für die Jugendfeuerwehr muss nicht nur der/die Jugendliche für die Feuerwehr gewonnen werden, sondern die Eltern/der Familienverbund muss überzeugt sein, dass das Feuerwehrengagement dem Ansehen der Familie nicht schadet.

Machtskepsis ↔ Machtakzeptanz
Grundkonflikt:
Sollte die Ungleichheit zwischen Menschen möglichst gering sein oder sollten bestimmte Personen (z.B. Ältere) mehr Privilegien und Macht haben als andere und besonderen Respekt genießen?
Beispiele aus dem Feuerwehralltag:
• Um eine Menschenmenge bei einem Einsatz zu kontrollieren, muss zuerst das Oberhaupt der Gruppe als Verbündete/r und Sprachrohr für die eigene Sache gewonnen werden.
• Ein neuer Feuerwehrangehöriger scheut sich, dem Ausbilder bei einer Übung mitzuteilen, dass er nicht alles von der Aufgabenstellung verstanden hat.

Regelorientierung ↔ Flexibilität
Grundkonflikt:
Ist es besser, standardisierte Vorgaben zu erfüllen und planvoll vorzugehen oder sollte man neue Lösungen suchen und das eigene Verhalten spontan nach den Erfordernissen der jeweiligen Situation ausrichten?
Beispiele aus dem Feuerwehralltag:
• Bei einer Rettung befolgen Notfallbetroffene und Anwesende nicht die Anweisungen der Rettungskräfte.
• Neuen Feuerwehrkräften fällt es schwer, sich an den regelhaften Ablauf von Übungsabenden zu gewöhnen.

Selbstkontrolle ↔ Emotionalität
Grundkonflikt:
Dürfen Gefühle in der Öffentlichkeit gezeigt werden oder gilt dies als unangemessen oder unprofessionell?
Beispiele aus dem Feuerwehralltag:
• Die Gefühlsausbrüche von Notfallbetroffenen und Angehörigen verschärfen aus Sicht der Feuerwehr die angespannte Atmosphäre bei einem Einsatz.
• Einsatzkräfte zeigen bei einem Einsatz ein sicheres, routiniertes Auftreten gegenüber den Notfallopfern. Die unterdrückten Emotionen müssen dann im Nachgang aufbereitet werden.

7.3 Baustein »Kulturelle Unterschiede«

Sachorientierung ↔ Beziehungsorientierung
Grundkonflikt: Steht die sachgerechte Lösung von Aufgaben im Vordergrund oder ist es ebenso wichtig, einen persönlichen „Draht" zu einem Gegenüber zu bekommen und eine angenehme Atmosphäre herzustellen?
Beispiele aus dem Feuerwehralltag: • Bei einer technischen Hilfeleistung arbeitet die Feuerwehr sachlich und nüchtern ihren Einsatz ab und geht nur wenig auf die Befindlichkeit der Betroffenen ein. • Bei der Werbung von Kindern für die Jugendfeuerwehr laden die Eltern den Jugendfeuerwehrwart zum Tee ein. An Informationen zum Feuerwehrwesen scheinen sie nur wenig interessiert.
Direkte Kommunikation ↔ Indirekte Kommunikation
Grundkonflikt: Ist es besser offen und ehrlich zu sagen, was man denkt, oder sollte man vorsichtig dabei sein, Dinge anzusprechen, die für ein Gegenüber unangenehm sein könnten?
Beispiele aus dem Feuerwehralltag: • Bei der Nachbesprechung eines Einsatzes empfindet der betreffende Feuerwehrmann die Kritik an seinem Verhalten als Gesichtsverlust vor den Kamerad*innen. • Auf die Nachricht, erst im kommenden Jahr an einen gewünschten Lehrgang teilnehmen zu können, äußert sich ein neues Mitglied nur zurückhaltend. Bei den nächsten Übungsabenden ist es nicht anwesend.
Gleiche Geschlechtsrollen ↔ Unterschiedliche Geschlechtsrollen
Grundkonflikt: Gelten ähnliche Regeln für Männer und Frauen und sind beide für die gleichen Lebensbereiche zuständig oder unterscheiden sich Regeln und Rollen nach Geschlecht?
Beispiele aus dem Feuerwehralltag: • Ein Familienvater möchte nicht, dass seiner Frau von einem Feuerwehrmann beim Übersteigen in den Korb der Drehleiter geholfen wird. • Eltern sind überrascht, dass die Jugendfeuerwehr auch ihre Töchter für die Feuerwehr gewinnen möchte.

Bild 16: *Feuerwehrrelevante Dimensionen kultureller Unterschiedlichkeit.*

Gestikulieren). Die Wirkungen solcher Verhaltensweisen können danach im Plenum besprochen werden. Um Interesse und Aufmerksamkeit für das Thema zu wecken, wird eine solche Interaktionsübung sinnvollerweise vor dem interaktiven Vortrag eingesetzt.

Wenn konkrete Herkunftskulturen in den Blick genommen werden, bieten sich zum einen Vorträge und Erfahrungsschilderungen von Personen aus der Herkunftskultur an. Diese können einen authentischen Eindruck der in der Herkunftskultur vorherrschenden Orientierungen und Konventionen vermitteln. Dabei können auch

Erfahrungen der Teilnehmenden aufgegriffen und fachkundig analysiert werden. Ein anderer Zugang zu kulturtypischen Verhaltensweisen bietet die Analyse von »Kritischen Ereignissen«. Sie stellen Situationen dar, in denen es zwischen Personen aufgrund unterschiedlicher Normalitätserwartungen zu einem Missverständnis oder Konflikt gekommen ist (vgl. Groß & Leenen, 2019). Die Reihe »Beruflich in …« (Vandenhoek & Ruprecht) verwendet diesen Ansatz und bietet speziell für eine deutsche Perspektive zugeschnittene Bücher über unterschiedliche Kontaktkulturen. Dabei werden typische Missverständnisse dargestellt, für die der/die Leser*in aus verschiedenen Vorgaben die wahrscheinlichste Erklärung auswählen soll. Gut nutzbare Fallbeispiele aus dem Kontext Bevölkerungsschutz und Katastrophenhilfe finden sich bei Hannig et al. (2016). Kritische Ereignisse können nicht nur in Textform, sondern auch als kurze Filmsequenzen dargeboten werden (vgl. Grosch, 2019 b). Für die Analyse der dargestellten Situationen empfiehlt sich eine Gruppenarbeit.

Auf spielerische Art und Weise kann Faktenwissen zu Kulturen und Herkunftsländern auch mithilfe eines Quiz vermittelt werden. Der/die Trainer*in kann entsprechende Fragen stellen (oder einen Fragebogen verteilen), die dann einzeln oder in Teams beantwortet werden müssen. Internetbasierte Lernplattformen (z. B. Kahoot) bieten die Möglichkeit, Fragen auch per Smartphone zu beantworten. Die mediale Aufbereitung und der spielerische Wettbewerb, den Tools dieser Art bieten, werden in der Regel sehr positiv aufgenommen und wirken sehr motivierend. Die Aufmerksamkeit für eine foliengestützte Präsentation mit Erläuterungen zu den richtigen Lösungen und weiteren Informationen über Herkunftskulturen oder -länder ist danach in der Regel sehr hoch.

7.4 Baustein »Verhaltensanalyse mit dem KPS-Modell«

Auf der Grundlage eines Basiswissens über den Faktor Kultur sowie über kulturelle Unterschiede kann die Analyse komplexer Handlungssituationen geübt werden. Dabei geht es zum einen darum, kulturelle Normalitätsvorstellungen zu entschlüsseln, denen Angehörige der Feuerwehr im Einsatzgeschehen oder auch bei der Mitgliedergewinnung begegnen können. Zum anderen wird nun Kultur als verhaltensbeeinflussender Faktor relativiert. Für diesen Zweck hat sich das von Leenen & Grosch (1998) eingeführte KPS-Modell bewährt (siehe Bild 17). Es postuliert, dass in Kontaktsituationen nicht nur der Faktor Kultur (K) eine Rolle spielt, sondern auch personale (P) sowie situative (S) Faktoren. Unter »P« fallen beispielsweise die Persönlichkeitseigenschaften (z. B. Extravertiertheit) oder die individuellen Erfahrungen einer Person (z. B. eine Flucht- oder Diskriminierungserfahrung). Mit »S« sind

7.4 Baustein »Verhaltensanalyse mit dem KPS-Modell«

kurzfristige Gegebenheiten gemeint (z. B. ein Hausbrand), aber auch Hintergrundfaktoren, die in eine Situation hineinwirken (z. B. in einer Geflüchtetenunterkunft zu leben). Nachdem »K« bereits ausführlich thematisiert wurde, werden nun »P« und »S« in den Blick genommen. In Plenum- oder Gruppenarbeit kann gesammelt werden, welche personalen und situativen Faktoren bei konkreten Verhaltensweisen eine Rolle spielen könnten und wie man sinnvollerweise auf diese reagieren kann. Um ein besseres Gespür für die Erfahrungen und die Lebenssituation von Migrant*innen oder Geflüchteten zu kommen, bieten sich Vorträge oder Gesprächsrunden mit »Insidern« an. Einen besonders nachhaltigen Eindruck bieten angeleitete Exkursionen, Führungen oder Besuche in die »Lebensräume« der entsprechenden Personen.

Einflüsse situativer, kultureller und personaler Art sind in Situationen, in denen sich Menschen aus unterschiedlichen Kulturen begegnen, oft unentwirrbar miteinander verschränkt, zumal sich die Einflüsse auch wechselseitig verstärken können (ein Hausbrand führt bei einer extravertierten Person, die in einem Milieu sozialisiert wurde, in dem es üblich ist, Emotionen zu zeigen, zu anderen Verhaltensweisen als bei einer introvertierten Person, die gelernt hat, den Ausdruck von Emotionen zu kontrollieren).

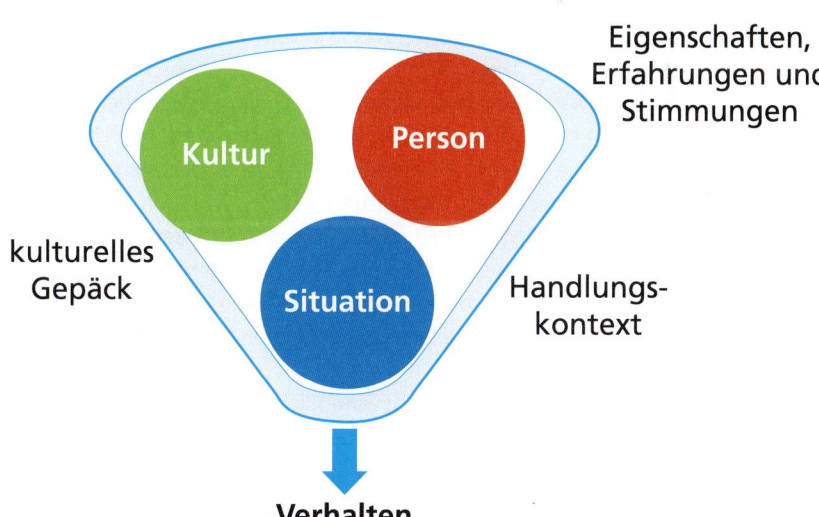

Bild 17: *Das KPS-Modell: Welche Faktoren beeinflussen unser Verhalten? (Quelle: Alexander Scheitza)*

7 Vermittlung interkultureller Kompetenz bei der Feuerwehr

Bei diesem Trainingsbaustein geht es darum, den Blick für die verschiedenen Faktoren zu schärfen und – je nach Einflussfaktor – spezifische Ansatzpunkte für die Bewältigung von Situationen zu entwickeln. Für die vertiefte Verhaltensanalyse bieten sich auch Trainingsfilme an, die komplexe Interaktionen von Personen unterschiedlicher kultureller Prägung zeigen. Da nach Wissen des Autors gegenwärtig noch keine entsprechenden Filme für den Handlungskontext Feuerwehr existieren, können Filme aus den Kontexten Polizeiarbeit oder Soziale Arbeit genutzt werden, die Interaktionen zeigen, die sich auch auf interkulturelle Herausforderungen der Feuerwehr übertragen lassen. Für die Analyse der Trainingsfilme empfiehlt sich eine Gruppenarbeit. Die Ergebnisse der Gruppen werden anschließend im Plenum vorgestellt und diskutiert.

7.5 Baustein »Unconscious Bias, Stereotype und Diskriminierung«

Wir Menschen sind in unserer Wahrnehmung nie objektiv. Was wir in der Welt um uns herum wahrnehmen, ist keine Widerspiegelung der äußeren Welt, sondern wird von uns aktiv konstruiert (Be & Jacobs, 1999). Wir wählen bestimmte Informationen aus, ergänzen fehlende Informationen, interpretieren auf der Grundlage von eigenen Vorerfahrungen oder von dem, was wir vom Hören-Sagen oder durch Medien vermittelt »wissen«. Diese Prozesse sind universell menschlich, sie laufen meist in großer Geschwindigkeit und unbewusst ab. Sie vereinfachen unser Leben und machen uns schnell handlungsfähig. Physiologisch sparen wir durch diese »Abkürzungen« Energie, die uns komplexere Denkprozesse kosten würden. Wie unbewusste Denkmuster unser Handeln beeinflussen, ist schon seit vielen Jahrzehnten Gegenstand psychologischer Forschung (vgl. z. B. Petersen & Six, 2008). Unter dem Begriff des »Unconscious Bias« (unbewusste Voreingenommenheit) hat die Beschäftigung mit Verzerrungen bei der Verarbeitung von Informationen und den daraus resultierenden Beurteilungsfehlern in den letzten Jahren einen neuen Aufschwung erhalten.

Im Fallbeispiel aus Kapitel 4.2 ist vermutlich die Deutung der Situation, sowohl der Angehörigen der Feuerwehr als auch der Notfallbetroffenen und Zuschauer*innen, durch negativ getönte Vorannahmen über die jeweils andere Seite beeinflusst, die dann zu Handlungen führen, die eine erfolgreiche Einsatzbewältigung beeinträchtigen. Um das Entstehen fehlerhafter Zuschreibungen zu verhindern, ist es wichtig, Feuerwehrangehörige mit der Funktionsweise unseres Wahrnehmungsapparates vertraut zu machen. Die bereits unter 7.1 erwähnte Wahrnehmungsübung »Die kulturelle Brille – Besuch auf der Insel Albatros« (Ulrich, 2000) veranschaulicht, wie bestimmter Reize (hier: eine Frau mit Kopftuch, die auf dem Boden kniet, während ein Mann neben ihr auf einem Stuhl sitzt) Zuschreibungen und Interpretationsmuster aktivieren, die ihre Wurzeln in stereotypen Annahmen über Personen mit bestimmten Merkmalen (Kopftuch) haben. Bilder von optischen Täuschungen können veranschaulichen, wie schnell sich unser Wahrnehmungsapparat täuschen lässt. Zuschreibungsübungen zu Bildern (oder kurzen Filmsequenzen) von Personen oder Alltagssituationen aus fremden kulturellen Kontexten machen deutlich, wie Stereotype und Vorurteile unsere Interpretationen beeinflussen.

Stereotype Vorstellungen und Vorurteile gegenüber den Mitgliedern bestimmter Gruppen können in diskriminierende Äußerungen oder Verhaltensweisen münden. Es gibt eine Reihe von Spiel- und Dokumentarfilmen, die zeigen, wie Diskriminierung wirkt (z. B. der Film »Blue Eyed« von Bertram Verhaag über die Workshops der US-amerikanischen Lehrerin und Anti-Rassismus-Aktivistin Jane Elliott). Simulationsübungen (z. B. »Exclude«, Leenen, 2019 c) lassen die Teilnehmenden Ausgrenzungsmechanismen »am eigenen Leib« erfahren und machen die subtilen Faktoren erkennbar, die das Verhalten von »Insidern« und »Outsidern« beeinflussen. Die durch die Filme oder die Übungen gewonnenen Erkenntnisse bzw. Erfahrungen werden mit den Teilnehmenden diskutiert und können mithilfe einer foliengestützten Präsentation zum Thema Ausgrenzung ergänzt werden. Dabei sollte betont werden, dass diskriminierende Äußerungen und Verhaltensweisen immer auch ein Umfeld brauchen, in dem solche Äußerungen geduldet werden. Eine klare Null-Toleranz-Haltung gegenüber jeder Form von Diskriminierung innerhalb der eigenen Feuerwehrgruppe ist daher eine entscheidende Maßnahme.

7.6 Baustein »Dynamik interkultureller Kontaktsituationen«

Die Dynamik, die aufgrund unterschiedlicher Handlungsorientierungen und wechselseitiger Zuschreibungsprozesse in interkulturellen Kontaktsituationen entstehen kann, lässt sich nur sehr eingeschränkt theoretisch vermitteln. Als besonders sinnvoll haben sich für diesen Zweck Simulationsübungen erwiesen, die ein Aufeinanderprallen unterschiedlicher Regelsysteme provozieren (z. B. das Kartenspiel »Barnga« von Thiagarajan, 2006, siehe Bild 18). Die Teilnehmenden durchleben hier die Prozesse, die ein Aufeinandertreffen unterschiedlicher Normalitätsvorstellungen auslösen können. Im Anschluss an die Übung sollten die entstandenen Herausforderungen sowie die unterschiedlichen Möglichkeiten, mit Differenz umzugehen, herausgearbeitet werden. Ein interaktiver Vortrag kann die Arbeitsergebnisse der Teilnehmendengruppe ergänzen und einen Bezug zu den interkulturellen Herausforderungen der Feuerwehr herstellen.

Bild 18: *Kartenspiel »Barnga«: Welche Regeln sind die richtigen? (Quelle: Alexander Scheitza)*

Alternativ bzw. ergänzend können auch Fallstudien eingesetzt werden, um das Aufeinandertreffen unterschiedlicher Normalitätsvorstellungen zu veranschaulichen (Beispiele finden sich z. B. bei Groß & Leenen, 2019, oder bei Hannig et al., 2016). Besonders eignen sich komplexe Fälle, in denen das Verhalten der Akteure nicht einfach als »richtig« oder »falsch« beurteilt werden kann. Die Fälle sind als Dilemmata angelegt, bei denen unterschiedliche Positionen und Handlungen nachvollzogen werden können (z. B. die »Geschichte von Abigail und Gregor«, Vopel, 2009). Sie fördern zum einen Empathie und zum anderen auch die Fähigkeit, unklare Situationen zu ertragen (Ambiguitätstoleranz). In diesem Zusammenhang kann es hilfreich sein, die Trainingsteilnehmenden anzuregen, sich mit ihrer Fähigkeit und Bereitschaft zum Aushalten komplexer und – zumindest anfänglich – unklarer Situationen auseinanderzusetzen. Zu diesem Zweck kann beispielsweise eine Selbsteinschätzungsübung zur Ambiguitätstoleranz eingesetzt werden (vgl. Scheitza, 2019).

7.7 Baustein »Bewusstmachung von Standards und Orientierungen der Feuerwehr«

Für die Gewinnung und die nachhaltige Integration neuer Mitglieder ist eine Auseinandersetzung mit den eigenen Standards, Praktiken und Orientierungen entscheidend. Diese sind zum Großteil nicht explizit und schriftlich dargelegt, sondern als (subjektives) implizites Wissen in den Köpfen von Feuerwehrangehörigen verankert. Um sich dessen bewusst zu werden, eignet sich z. B. eine Gruppenarbeit unter der Leitfrage »Was ist typisch für die Kultur der Feuerwehr?« (in Kapitel 3 haben wir die Ergebnisse mehrerer solcher Übungen zusammengefasst dargestellt). In einem Lehrgespräch kann diskutiert werden, (1) ob und wie sich die Organisationskultur der Feuerwehr auf das eigene Verhalten in der Feuerwehr auswirkt, (2) welche Maßstäbe an Neulinge bei der Feuerwehr angelegt werden, (3) wie Außenstehende verschiedene Aspekte von Feuerwehrkultur wahrnehmen und (4) welche Irritationen sich beim Kontakt zu Feuerwehrfremden ergeben können. Auf Grundlage dieser Reflexionen könne in Gruppenarbeit oder im Plenum Aspekte identifiziert werden, die für neue Mitglieder besonders attraktiv oder eben auch problematisch sein können und infolgedessen Argumente und Strategien einer effektiven Mitgliedergewinnung entwickelt werden.

Um ein Bewusstsein für die Voraussetzungen einer nachhaltigen Integration neuer Mitglieder zu schaffen, haben wir eine Aufstellübung entwickelt, die Probleme von Mehrheiten-Minderheiten-Konstellationen in Gruppen auf spielerische Art veranschaulicht (Leenen et al., 2014). Dazu werden Spielfiguren in einer Mehrheits- und einer Minderheitsfarbe so positioniert, dass sie eine typische Gruppenkonstellation und die sich daraus entwickelnde Gruppendynamik abbilden (siehe Bild 19). Die Teilnehmenden stehen in einem lockeren Kreis um die Figuren. Sie werden aufgefordert, sich vorzustellen, wie die Mitglieder ihrer Feuerwehr (Figuren in der Mehrheitsfarbe) auf einen als fremd wahrgenommenen Neuling (Figur in der Minderheitsfarbe) reagieren würden. Eine Figur in der Mehrheitsfarbe kann dabei auch als Führungskraft gekennzeichnet werden. Durch das Umstellen der Figuren stellen die Teilnehmende ganz unterschiedliche Szenarien und Dynamiken dar und gewinnen so ein Verständnis für Faktoren, die für eine nachhaltige Integration

7 Vermittlung interkultureller Kompetenz bei der Feuerwehr

förderlich sind (z. B. Unterstützung formeller, aber auch informeller Führungspersonen).

Bild 19: *Aufstellübung: Szenarien und Dynamiken bei der Integration neuer Mitglieder (Quelle: Alexander Scheitza)*

Bei Teilnehmenden, die dem Thema kultureller Vielfalt verschlossener gegenüberstehen, kann es hilfreich sein, sich vor der Reflexion der aktuellen Standards und Orientierungen der Feuerwehr mit der Geschichte der Feuerwehr zu beschäftigen. Ein Blick auf die interkulturellen und freigeistigen Wurzeln der Feuerwehr und die späteren militaristischen Veränderungen können verdeutlichen, dass sich auch die Kultur der Feuerwehr immer wieder gewandelt hat (Kapitel 1 liefert das nötige Hintergrundwissen). Wandel als Normalität zu begreifen kann dabei helfen, sich den aktuellen interkulturellen Herausforderungen zu stellen. Wie gut eine Teilnehmendengruppe die Geschichte der Feuerwehr kennt, lässt sich zum Beispiel mit einem Quiz in Erfahrung bringen. Wie schon in Abschnitt 7.3 erwähnt, bieten internetbasierte Lernplattformen die Möglichkeit, spielerisch und kurzweilig Wissen zu überprüfen. Eine foliengestützte Präsentation kann im Anschluss die wechselvolle Geschichte der Feuerwehr darstellen und zur Reflexion der aktuellen Feuerwehrkultur überleiten.

7.8 Baustein »Einfache Sprache«

Die Kommunikation mit Menschen, für die Deutsch eine Fremdsprache ist, erfordert bei Herkunftssprachler*innen eine Anpassung des eigenen Sprachverhaltens in Richtung einer klaren und verständlichen Ausdrucksweise. Einfache Sprache ist gekennzeichnet durch kurze Sätze, einfachen Satzbau, lebensnahe Beispiele und einen Verzicht auf zusammengesetzte Wörter, Fachbegriffe, Abkürzungen, Redewendungen, Metaphern oder Ironie. Bei schriftlichen Texten werden darüber hinaus eine leserfreundliche Formatierung, gut lesbare Schriftarten und Schriftgrößen, Zwischenüberschriften, Zusammenfassungen, Wiederholungen und Visualisierungen empfohlen (vgl. Oliveira, 2016).

Die mündliche Kommunikation in einfacher Sprache lässt sich in einem Rollenspiel gut einüben. Beispielsweise können die Trainingsteilnehmenden aufgefordert werden, einer Person mit eingeschränkten Deutschkenntnissen das freiwillige Feuerwehrwesen in Deutschland zu erklären. Im Plenum kann dann besprochen werden, welche Techniken sich dabei als besonders hilfreich erweisen. Schriftliche Texte in Einfacher Sprache können in Gruppenarbeit produziert werden. Als Arbeitsmaterial können Texte aus dem Bereich der Feuerwehr verwendet werden, die in Wortwahl und Sprachstil besonders kompliziert und – besonders für Personen ohne Feuerwehr-Hintergrund – wenig anschaulich und verständlich sind (in der Regel sind solche Beispiele leicht zu finden). Bei der Bearbeitung schriftlichen Materials sollen die Teilnehmenden nicht nur Formulierungen vereinfachen, sondern den Text auch visuell ansprechend aufbereiten.

7.9 Baustein »Kommunikation mit Personen mit anderen Kommunikationsgewohnheiten«

Beim Thema Kommunikation bietet sich neben der Auseinandersetzung mit kulturellen Unterschieden im Kommunikationsverhalten und den Anforderungen Einfacher Sprache auch eine allgemeine Betrachtung von kommunikativem Geschehen an. Um Kommunikationssituationen besser verstehen und steuern zu können, sollten die Teilnehmenden beispielsweise bestimmte Grundlagen der Kommunikationsforschung kennen. Zu den verbreiteten Modellvorstellungen von Kommunikation, die vermittelt werden sollten, zählen z. B. das »Vier-Seiten-Modell« von Schulz von Thun (2010) sowie die Axiome der Kommunikation von Watzlawick et al. (2000). Die Vermittlung dieser Modelle kann in Form eines interaktiven Vortrags mit Kurzübungen geschehen. Für die Vorstellung der Grundlagen von Kommunikation existieren aber auch viele Filme, die eine illustrative Alternative zu einer Präsentation durch den/die Trainer*in darstellen.

Die Vermittlung von Grundlagenwissen zu Kommunikation sollte anschließend durch den Erwerb praktischen Know-hows ergänzt werden. Kommunikationstechniken, die im Kontakt mit Migrant*innen besonders relevant sind, wie z. B. »Aktives Zuhören« können in Rollenspielen eingeübt werden. Bewährt haben sich in diesem Zusammenhang Übungen in Dreier-Gruppen, bei denen eine Person die betreffende Technik im Gespräch mit der zweiten Person anwendet und die dritte Person als Beobachter*in fungiert, der/die nach Ende der Sequenz Rückmeldung zur Umsetzung der Aufgabe gibt. Bei der abschließenden Auswertung der Übung im Plenum sollte herausgearbeitet werden, welche Interventionen sinnvoll und zielführend waren und welche Reaktionen die gezeigten Interventionen möglicherweise hervorrufen. Dabei sollte auch auf kulturelle Unterschiede im Kommunikationsverhalten eingegangen und deren Bedeutung für die Techniken thematisiert werden.

7.10 Baustein »Von Unterschieden zum gemeinsamen Handeln«

Über das Verstehen fremder Orientierungen hinaus gilt es auch, einen Umgang mit den anderen Vorstellungen und Erwartungen eines Gegenübers zu finden. Zu diesem Zweck ist es sinnvoll, Modellvorstellungen zum Umgang mit Differenz einzuführen und zu diskutieren (z. B. das Modell unterschiedlicher Akkulturationsorientierungen von Berry, 1995). Wie beim Aufeinandertreffen unterschiedlicher Vorstellungen Konflikte entstehen und eskalieren können, lässt sich beispielsweise mit Hilfe einer Interaktionsübung erfahrbar machen. Übungen dieser Art werden meist in Paaren durchgeführt. Ein*e Teilnehmer*in bekommt dabei die Aufgabe, seinen/ihren Übungsparter*in mit allen Mitteln zur Änderung eines bestimmten Verhaltens zu bewegen. Die Ergebnisse lassen verschiedene Ansätze erkennen, die anschließend in der Großgruppe diskutiert werden können. Ein interaktiver Vortrag kann Modelle der Eskalation von Konflikten (z. B. Glasl, 2009), des Erlebens und Verhaltens in Konfliktsituationen (z. B. Mayer, 2006) sowie Varianten der Lösung von Konflikten (z. B. Bennett, M. J., 1995) einführen. Die Vor- und Nachteile von Konfliktlösetypen wie Vermeidung, Dominanz, Anpassung, Kompromiss oder Synergie können auf dieser Grundlage diskutiert werden. Konkrete Vorschläge für das Auflösen von Konflikten bieten das so genannte Harvard-Modell (Fisher et al., 2013), die Methode der

7.10 Baustein »Von Unterschieden zum gemeinsamen Handeln«

Mediation (Duss-von Werdt, 2011) oder – spezifisch für den interkulturellen Bereich – das Dilemma-Reconciliation-Modell von Hampden-Turner & Trompenaars (2000). Die kulturellen Wertvorstellungen solcher Lösungskonzepte gilt es dabei selbstverständlich ebenfalls zu reflektieren (vgl. Busch, 2009; Frenzke-Kulbach, 2004).

An diese theoretische Bearbeitung kann das Einüben der praktischen Umsetzung anschließen: In kurzen Rollenspielen werden die Teilnehmenden mit konflikthaften Situationen konfrontiert und sind gefordert, diese zu deeskalieren und eine Einigung herzustellen. Einen besonders intensiven Lerneffekt erzielen diese Rollenspiele durch Videofeedback, durch das auch das verbale, paraverbale und nonverbale Verhalten in den Blick genommen werden kann. Das mit der Kamera aufgenommene Geschehen kann in der Gruppe genau analysiert und Vorschläge zur weiteren Optimierung entwickelt werden. Um Rollenspiele besonders realitätsnah zu gestalten, empfiehlt sich der Einsatz von Kulturexpert*innen, die in der Lage sind, ungewohnte Verhaltensweise authentisch darzustellen und die im Rahmen der Auswertung die Angemessenheit der Vorschläge beurteilen und auf Feinheiten der Umsetzung hinweisen können.

Alternativ oder ergänzend können Aushandlungsprozesse auch in Form einer Ideenwerkstatt behandelt werden. Für den Bereich der Mitgliederwerbung können zum Beispiel in Gruppenarbeit die Rahmenbedingungen für gelungene Begegnungssituationen in den Blick genommen werden. In Hinblick auf das Einsatzgeschehen können die Haltungen und Verhaltensweisen einer »interkulturell perfekten Einsatzkraft der Feuerwehr« zusammengetragen werden. Die Produktivität solcher Aufgabenstellungen kann häufig durch eine so genannte »Kopfstandübung« gesteigert werden: Die Teilnehmenden erhalten dabei den Auftrag, nicht nur konstruktive Ideen zu generieren, sondern sich auch zu überlegen, durch welches Verhalten eine Situation zu verschlechtern bzw. ein Prozess zu verhindern wäre. Diese Sammlung hinderlicher Maßnahmen schärft in der Regel den Blick für konstruktive Ideen. Ein interaktiver Vortrag kann die Ergebnisse der Gruppenarbeit kommentieren und ergänzen.

8 Tipps für die Vermittlung interkultureller Kompetenz

Alexander Scheitza

Wir haben in diesem Buch dargelegt, dass Bedarf für die Stärkung der interkulturellen Kompetenzen von Feuerwehrangehörigen und für die interkulturelle Öffnung der Institution Feuerwehr besteht. Die zuständigen Ministerien, der Deutsche Feuerwehrverband, viele Landesverbände und auch eine nicht unerhebliche Zahl von Führungskräften und anderen Angehörigen der Feuerwehr haben die Notwendigkeit dieser Entwicklung erkannt. Was die (freiwillige) Teilnahme an interkulturellen Weiterbildungen angeht, ist gegenwärtig jedoch noch Zurückhaltung zu spüren. Das Thema nimmt in der Prioritätenliste von Feuerwehrangehörigen noch keinen Spitzenplatz ein. Nur eine Minderheit scheint interessiert daran, eigene Haltungen und Verhaltensroutinen kritisch zu hinterfragen und ggf. zu modifizieren. Größer scheint die Gruppe, die gegenüber einer Auseinandersetzung mit anderen kulturellen Werten und Praktiken indifferent oder vielleicht sogar negativ eingestellt ist. In diesem Kapitel nehmen wir die Gründe für diese Zurückhaltung in den Blick und machen Vorschläge, wie das Thema in der Weiterbildung besser verankert werden kann und wie sich Widerstände im Seminarraum überwinden lassen.

8.1 Strukturelle Hindernisse interkultureller Weiterbildungen bei der Feuerwehr

Die gesellschaftliche Rolle der Feuerwehr und auch die über Jahrhunderte entstandene »Kultur der Feuerwehr« haben Auswirkungen auf die Bereitschaft, sich als Organisation mit interkulturellen Fragestellungen und Herausforderungen zu befassen. Ein Blick auf die folgenden Aspekte hilft dabei, die Zögerlichkeit der Feuerwehr bei der Auseinandersetzung mit interkulturellen Fragestellungen zu verstehen.

Monopol und Macht der Feuerwehr

Die Feuerwehr ist eine konkurrenzlose Organisation. Für ihre Leistungen gibt es keinen Markt, ihre Kunden haben keine Wahlmöglichkeit, sondern sind auf ihre Dienste angewiesen (vgl. Kapitel 5). Umgekehrt können sich die Einsatzkräfte der Feuerwehr auch nicht aussuchen, wem sie helfen. Sie sind rechtlich zur Erbringung

8.1 Strukturelle Hindernisse interkultureller Weiterbildungen

ihrer Dienste verpflichtet. Diese Konstellation hat Folgen: Im Einsatzgeschehen begegnen sich Feuerwehr und Hilfeempfänger*innen nicht auf Augenhöhe. Die Feuerwehr hat Handlungsroutinen entwickelt, die sie für objektiv richtig hält und sie ist mit dem Recht ausgestattet, die ihr sinnvoll erscheinenden Maßnahmen zur Not auch gegen den Willen einzelner Bürger*innen umzusetzen. Diese Machtposition ermöglicht schnelles Handeln und rettet jedes Jahr viele Menschenleben. Sie verführt aber auch dazu, Verhaltensweisen, die von den eigenen Vorstellungen abweichen, als unerbetene Störung zu verstehen, die Bedürfnisse Andersdenkender zu übergehen und vom Gegenüber Anpassung zu verlangen. Personen, die – bewusst oder unbewusst – eine solche Sichtweise verinnerlicht haben, werden der Weiterbildung kommunikativer und interaktiver Fertigkeiten eher verschlossen gegenüberstehen.

»Algorithmische« Fortbildungskultur
Ein Algorithmus ist eine eindeutige Handlungsvorschrift zur Lösung eines Problems. Algorithmen bestehen aus genau definierten Einzelschritten. Die Formel für algorithmisches Handeln lautet »Wenn A vorliegt, tue X«. Das Handeln der Feuerwehr ist in vielen Fällen zwangsläufig algorithmisch organisiert. Einsatzpläne sowie die Alarm- und Ausrückeordnung (AAO) ermöglichen schnelles und effektives Handeln. Bei der Aus- und Fortbildung der Feuerwehr nimmt die Vermittlung von Handlungsroutinen und das Einüben des sachgemäßen Einsatzes technischer Hilfsmittel eine zentrale Rolle ein. Bei dieser, vorwiegend an algorithmischem Handeln ausgerichteten, Fortbildungskultur wirkt das Thema Interkulturelle Kompetenz zwangsläufig exotisch. Interkulturelle Weiterbildungen bieten keine »Wenn-dann-Vorgaben«. Sie orientieren sich an einem heuristischen Lernansatz, bei dem es darum geht, zum Zwecke der Problemlösung die Wahrnehmung menschlichen Verhaltens zu verfeinern und die Kreativität des eigenen Handelns zu steigern.

Einsatz interner Fortbildungsleiter*innen
Aus der »algorithmischen« Fortbildungskultur folgt der Einsatz von überwiegend internen Fortbildungsleiter*innen. Das Ideal des/der Lehrenden ist der/die Expert*in für das spezifische Handlungsfeld, der/die die Fragestellungen des Arbeitsalltags aus eigener Anschauung genau kennt und sein/ihr Wissen an die nächste Generation weitergibt. Fortbildungsleiter*innen mit »Stallgeruch« erleichtern die Identifikation der Teilnehmenden als Vorbild für das eigene Handeln. Bei einem neuen Thema wie Interkulturelle Kompetenz ist die Feuerwehr zunächst auf externe Trainer*innen und Coaches angewiesen. Für Feuerwehrfremde ist es vor dem Hintergrund der Aus- und Weiterbildungskultur der Feuerwehr nicht leicht, als kompetent akzeptiert zu

werden. Ihre fehlende Feldexpertise kann Skepsis und Widerstand auf Seiten der Lehrgangs- bzw. Seminarteilnehmenden hervorrufen.

Freiwilligkeit des Feuerwehr-Engagements
Bei bezahlten Beschäftigungsverhältnissen können Mitarbeiter*innen durch die Teilnahme an Weiterbildungen ein Interesse an einem bestimmten Thema und ihre allgemeine Lernbereitschaft demonstrieren. Sie empfehlen sich auf diese Weise für anspruchsvollere Tätigkeiten und damit verbunden oft für eine bessere Bezahlung. Bei ehrenamtlichen Tätigkeiten ist dieser »Belohnungswert« von Weiterbildungen schwächer ausgeprägt. Dies ist vor allen Dingen dann der Fall, wenn die Schulung nicht als Voraussetzung des »Kerngeschäfts« betrachtet wird. Da derzeit die Teilnahme an interkulturellen Weiterbildungen meist aus innerem, eigenem Antrieb erfolgt und es nur wenig äußere Anreize gibt, bleibt die Nachfrage nach interkulturellen Veranstaltungen eher gering.

8.2 Persönliche Widerstände gegen interkulturelle Weiterbildungen

Auch auf persönlicher Ebene gibt es Faktoren, die sich auf die Attraktivität bzw. Akzeptanz interkultureller Weiterbildungen auswirken. Die Lebenssituation mancher Feuerwehrangehöriger, aber auch Erfahrungen und Persönlichkeitseigenschaften spielen hier eine Rolle.

Begrenztes Zeitbudget
Freiwillige Feuerwehrangehörige investieren viel Zeit in ihr ehrenamtliches Engagement. Damit die notwendigen Routinen bei einem Einsatz abgerufen werden können, müssen sie regelmäßig trainiert werden. Die Optimierung von Einsatzplänen sowie des Einsatzes von technischem Gerät erfordert fortlaufend Schulungen. Vor diesem Hintergrund können interkulturelle Weiterbildungen schnell als eher unwichtige Zusatzbelastung betrachtet werden.

Irritierende Erfahrungen
Die meisten Feuerwehrangehörigen können von Einsatzsituationen berichten, in denen sie mit ungewohnten Verhaltensweisen von Notfallbetroffenen oder Zuschauer*innen konfrontiert waren, die bei ihnen Unsicherheit oder Ärger ausgelöst haben. In der eigenen Wahrnehmung sind in diesen Situationen überdurchschnittlich

8.2 Persönliche Widerstände gegen interkulturelle Weiterbildungen

häufig Menschen mit Migrationshintergrund beteiligt. Der verführerisch einfache Weg, diese Irritationen zu verarbeiten, besteht darin, das Fehlverhalten bei der Gegenseite zu sehen, von dieser Anpassung an »normales Verhalten« zu fordern und jede Form eigener Veränderung und Weiterentwicklung abzulehnen. In den Worten eines (nicht freiwilligen) Teilnehmers einer interkulturellen Weiterbildung: »Wieso sitze ich hier und nicht DIE? DIE müssen doch lernen, wie man sich hier richtig benimmt.« (vgl. Scheitza & Düring-Hesse, 2014).

Eine kritische Betrachtung der eigenen Verhaltensweisen und Routinen kann – besonders wenn sie von einem*r externen Weiterbildungsleiter*in angeregt wird – als ungerechtfertigte, sogar inkompetente Bewertung der eigenen Arbeitsqualität betrachtet werden. In dieser Logik wäre dann eine aktive Teilnahme an einer interkulturellen Weiterbildung ein Zugeständnis eigener Defizite und wird daher verweigert.

Geringe Veränderungsbereitschaft
In Kapitel 3 haben wir die Vermutung aufgestellt, dass in der Freiwilligen Feuerwehr Personen überrepräsentiert sind, die Traditionen und vertraute Strukturen schätzen und bei denen die Neigung, sich mit Neuem oder Fremdem auseinanderzusetzen eher geringer ausgeprägt ist. Dass sich Migrant*innen mit den Gepflogenheiten in Deutschland auseinandersetzen sollten, ist sicher eine berechtigte Forderung. Eine erfolgreiche Einsatzbewältigung erfordert jedoch auch von der Feuerwehr ein Wissen über andere kulturelle Vorstellungen.

Interkulturelle Weiterbildungen werfen einen Blick auf ganz unterschiedliche Varianten des Erlebens und Verhaltens und fordern damit die eigene Weltsicht heraus. Bei Personen mit einer starken Bindung an eine vertraute und übersichtliche Welt kann diese Relativierung Angst und Abwehr erzeugen. In extremen Fällen kann sich diese Abwehr in diskriminierenden, sogar rassistischen Tendenzen äußern. Menschen, denen es schwerfällt, sich eine eigene Überforderung einzugestehen, sich ihr zu stellen und neue Wahrnehmungs-, Denk- und Verhaltensmuster zu entwickeln, neigen dazu, einen Sündenbock für die subjektiv aus den Fugen geratene Welt zu suchen. Rassistische Ideologien bieten dafür eine dankbare Blaupause, indem sie »die Fremden« zur Ursache des eigenen Unwohlseins erklären.

Bedürfnis nach Zugehörigkeit
Kameradschaft ist ein Kernelement der Kultur der Feuerwehr (vgl. Kapitel 3). Wie sich Angehörige der Feuerwehr zu den Themen Interkulturelle Kompetenz und Interkulturelle Öffnung stellen, kann daher auch von der »Stimmung in der Truppe« abhängen. Ist diese eher skeptisch oder ablehnend, kann das Bedürfnis nach

Zugehörigkeit oder nach Übereinstimmung mit angesehenen Gruppenmitgliedern die eigene Haltung beeinflussen. Einem tatsächlichen oder gefühlten Gruppendruck zu widerstehen, erfordert ein hohes Maß an Unabhängigkeit.

8.3 Rahmenbedingungen für erfolgreiche interkulturelle Weiterbildungen

Um den beschriebenen Herausforderungen bei der Implementierung interkultureller Seminare oder Workshops zu begegnen, gibt es verschiedene Ansatzpunkte. Zum einen ist dabei die Feuerwehr gefordert. Die Haltung von Schlüsselakteur*innen der Feuerwehr zu interkulturellen Weiterbildungen kann deren Akzeptanz- und Erfolgswahrscheinlichkeit steigern oder senken. Zum anderen sollten Vertreter*innen der Feuerwehr und die für die Feuerwehr tätigen interkulturellen Trainer*innen gemeinsam besprechen, wie eine Veranstaltung angemessen und attraktiv beschrieben werden kann und wer zu dieser Zugang haben soll.

Freiwilligkeit der Teilnahme

Nur Personen mit einem Mindestmaß an Offenheit und Interesse an einem Thema werden von einer Weiterbildung profitieren. Weiterbildungsteilnehmende, denen Desinteresse oder Ablehnung anzumerken sind (oder die diese sogar explizit kommunizieren) behindern den Ablauf einer Veranstaltung und den Lernprozess für die anderen Mitglieder der Lerngruppe. Von interkulturellen Weiterbildungen als Pflichtveranstaltungen ist daher abzuraten. Eine Verpflichtung zur Teilnahme an einer Weiterbildung wird mitunter als Unterstellung fehlender Kompetenz und dementsprechend nicht ausreichend professionelles Handeln interpretiert. In solchen Fällen kann es passieren, dass das Training als Plattform genutzt wird, um dieser vermuteten Unterstellung zu widersprechen und die eigene Verärgerung und Frustration auszudrücken.

Unterstützung durch die Organisation

Die Implementierung einer interkulturellen Weiterbildung verläuft meist problemloser, wenn eine Organisation bereits über ein »Leitbild zur interkulturellen Öffnung« oder vergleichbare Maximen für das Handeln ihrer Akteure verfügt. Idealerweise ist diese Definition von »guter Praxis« nicht von oben verordnet, sondern wurde unter Mitwirkung der Mitarbeitenden bzw. Mitglieder formuliert.

8.3 Rahmenbedingungen für erfolgreiche interkulturelle Weiterbildungen

Existiert (noch) kein interkulturelles Leitbild, können die Führungskräfte dazu beitragen, Sinn und Zweck einer Beschäftigung mit interkulturellen Themen zu vermitteln. Die Vorbildfunktion von Führungskräften beginnt auf der Ebene von Ortsfeuerwehren und setzt sich fort auf Kreis-, Landes- und Bundesebene. Auch die Feuerwehrschulen spielen hier eine Rolle: Gibt es dort die Bereitschaft, sich auf interkulturelle Themen einzulassen? Fristen interkulturelle Weiterbildungen (wenn es sie gibt) eher ein Schattendasein oder ist sowohl für die Teilnehmenden als auch von außen erkennbar, dass dem Thema eine Bedeutung beigemessen wird? Für den Stellenwert des Themas in der Organisation Feuerwehr ist es ungemein wichtig, wenn Personen mit Rang und Namen die Wichtigkeit interkulturell kompetenten Handelns klar und deutlich artikulieren.

Für die Meinungsbildung sind in der Feuerwehr informelle Führungspersonen ebenso wichtig wie die offizielle Führungsebene. Spricht sich ein/e allseits geachtete/r und respektierte/r Kamerad*in für das neue Thema aus, steigt die Wahrscheinlichkeit einer breiten Akzeptanz in der Gruppe. Entsprechende Schlüsselakteure zu identifizieren und für das Thema zu gewinnen, ist daher sehr hilfreich.

Ein relativ leichtes Spiel hat man mit der Durchführung interkultureller Weiterbildungen, wenn das Thema bereits in die Ausbildung integriert ist. Die Bedeutung des Themas ist dann nicht nur ein Lippenbekenntnis, sondern eine sichtbare Realität. Entsprechende Weiterbildungen werden nicht als Pflichtveranstaltung empfunden, sondern gehören zur Normalität.

Passende Ankündigung und Werbung
Dass die Ziele einer Weiterbildungsveranstaltung mit den Bedürfnissen einer Organisation und ihrer Mitglieder korrespondieren sollten, ist eine Binsenweisheit. Aus bereits genannten Gründen ist manchen Feuerwehrangehörigen nicht auf Anhieb klar, warum ein interkulturelles Training sinnvoll sein kann. Damit die Sinnhaftigkeit einer Weiterbildung erkannt wird, ist es wichtig, schon in der Vorinformation (in Posts, auf Flyern, in Kurzbeschreibungen für Weiterbildungsangebote) Sinn und Zweck der Veranstaltung für die Feuerwehr und auch den Mehrwert für die eigene Person herauszustellen. Eine große Überzeugungskraft haben dabei Fallbeispiele (wie das Fallbeispiel »Der Wohnungsbrand« in Kapitel 4.2) oder auch ein reales Einsatzgeschehen, dass vielen Angehörigen von Feuerwehren bekannt ist (wie der in der Einleitung erwähnte Brand in Ludwigshafen im Jahr 2008).

Nicht immer muss der für viele abstrakte, für einige auch Widerstand auslösende Begriff »Interkulturelle Kompetenz« als Ziel einer Veranstaltung betont werden. Das interkulturelle Thema kann beispielsweise durch Zielformulierungen wie »Stressreduktion«, »Vereinfachung der Arbeitssituation« oder »Verbesserung der eigenen Professionalität« attraktiv dargestellt werden.

Ein attraktiver Veranstaltungsort
Schließlich wirkt auch die Beschaffenheit des Veranstaltungsortes auf die Stimmung der Teilnehmenden. Trainings oder Workshops auf neutralem Terrain (in einer Tagungsstätte außerhalb der Feuerwehr) können die Fokussierung auf das Thema und einen distanzierten Blick auf interkulturelle Fragestellungen innerhalb der eigenen Organisation erleichtern. Auch die Ausstattung und Versorgung spielen eine Rolle: Freundlich gestaltete, helle Räume schaffen eine angenehme Atmosphäre, eine gute Verpflegung und geschmackvolle Übernachtungszimmer tragen zum Wohlbefinden bei und fördern so eine gelassene und offene Stimmung. Anfangs- und Endzeiten, die den Bedürfnissen der Teilnehmenden entgegenkommen sowie ausreichend lange Kaffeepausen tragen ebenso zum Erfolg einer Weiterbildung bei.

8.4 Kontextbewusste Weiterbildungskonzeption

Weiterbildungen »von der Stange«, die identisch für unterschiedliche Berufsgruppen und Handlungsfelder konzipiert und durchgeführt werden, führen nur selten zu praxisrelevanten Effekten. Wer eine interkulturelle Weiterbildung bei der Feuerwehr plant, sollte sich bewusst sein, dass es sich für diese Organisation um ein vergleichsweise neues Themengebiet handelt. Auf skeptische Haltungen einzelner Weiterbildungsteilnehmenden sollte man sich also gefasst machen. Weiterbildungsleiter*innen sollten darüber hinaus ein Grundwissen über die Funktionsweise der Feuerwehr haben und auch in Erfahrung bringen, welche Lerninteressen und welche Lernerfahrungen die Teilnehmenden einer Weiterbildung mitbringen.

Ein guter Einstieg
In welchem Maße sich die Teilnehmenden auf eine Veranstaltung einlassen, ob Interesse geweckt wird oder sich Widerstände aufbauen, entscheidet sich häufig in den ersten Minuten einer Weiterbildung. Dabei kommt es vor allem darauf an, wie der/die Trainer*in das Weiterbildungsziel vermittelt und wie er/sie sich selbst darstellt. Ein packender Einstieg kann Türen öffnen, anregen und Skepsis aus dem Weg räumen. Manche Teilnehmenden kann man durch Zahlen und Daten von Sinn und Zweck einer Fortbildungsveranstaltung überzeugen. Stärker wirkt häufig ein konkretes Beispiel aus dem Tätigkeitsfeld der Teilnehmenden, das nicht nur die praktische Relevanz der Weiterbildung veranschaulicht, sondern auch die Feldkennt-

8.4 Kontextbewusste Weiterbildungskonzeption

nis des/der Trainer*in demonstriert. Je »packender« eine »Story« oder eine Filmsequenz ist, desto mehr weckt sie bei den Teilnehmenden das Interesse für ein Thema und schafft einen nachhaltigen Fokus.

Wichtig ist es darüber hinaus, gleich zu Beginn ein Klima der Zusammenarbeit herzustellen und die Rollen und Verantwortlichkeiten von Trainer*in und Teilnehmenden zu definieren. Hier hat sich der Gedanke einer »Lernpartnerschaft« bewährt: Da Trainer*innen einen Arbeitsbereich nie so gut kennen werden wie die Teilnehmenden, sind sie die Fachleute für das interkulturelle Thema. Die Expertenrolle für das Arbeitsfeld bleibt in vollem Umfang bei den Teilnehmenden. Die Fortbildung wird daran anschließend als Situation definiert, in der beide Seiten ihr Wissen und ihr Know-how zur Verfügung stellen, sich austauschen, ergänzen und gemeinsam die Voraussetzungen und Möglichkeiten einer verbesserten interkulturellen Kommunikation erarbeiten. Die Verantwortung für das Gelingen einer Veranstaltung liegt bei einer so definierten Lernpartnerschaft gleichermaßen bei den Weiterbildenden und den Teilnehmenden.

Methodeneinsatz mit Fingerspitzengefühl
Um für die Wahrnehmung und Verarbeitung kultureller Überschneidungssituationen zu sensibilisieren, werden in interkulturellen Trainings häufig erfahrungsorientierte Methoden eingesetzt. In Kapitel 7 haben wir einige dieser Methoden für interkulturelle Weiterbildungen bei der Feuerwehr vorgeschlagen. Die Teilnehmenden werden dabei aufgefordert, selbst aktiv zu werden, beispielsweise indem sie ihre Weltsicht zeichnerisch darstellen oder in simulierten Situationen agieren. Hinter dem Einsatz solcher Methoden steckt die pädagogische Erkenntnis, dass eine aktive Auseinandersetzung mit einem Thema zu effektiveren und nachhaltigeren Lernergebnissen führt als der passive Konsum von Informationen. Feuerwehrangehörigen, die nicht bereits in anderen Zusammenhängen Trainings dieser Art begegnet sind (in Ausbildung und/oder Hauptberuf), ist dieser methodische Ansatz meist nicht vertraut. Manche können bei einer Auseinandersetzung mit der eigenen Person und den eigenen Denk-, Bewertungs- und Handlungsschemata die Grenzen der Privatheit überschritten sehen, was sich im Widerstand gegen diese Methoden äußert. Mitunter stellen aktivierende Methoden bei einigen Teilnehmenden den selbst definierten Status und die selbst zugeschriebene Fachlichkeit infrage. Äußerungen wie »Ich lass mich doch hier nicht zum Affen machen!« weisen auf eine Angst vor dem Verlust von Respekt und Ansehen vor Kolleg*innen und den fremden Weiterbildungsleiter*innen hin (vgl. Scheitza & Düring-Hesse, 2014).

Um eine sichere Lernumgebung herzustellen und Schamgefühlen vorzubeugen, ist also Fingerspitzengefühl gefordert. Methoden, die die Teilnehmenden exponieren, sollten nicht direkt zu Beginn eingesetzt werden. In der ersten Phase einer interkulturellen Weiterbildung ist es wichtig, die Teilnehmenden gut zu beobachten, um deren Haltung zum Thema und zu einer erfahrungsorientierten Methodik zu erfassen. Auf dieser Grundlage können dann methodische Varianten ausgewählt, dosiert und gegebenenfalls angepasst werden.

Weder Über- noch Unterforderung
Wer eine interkulturelle Weiterbildung konzipiert, steht vor der Herausforderung, Methoden und Darstellungsformen so zu wählen bzw. zu modifizieren, dass diese die Teilnehmendengruppe ansprechen und im Seminarraum eine produktive Lernatmosphäre entsteht. Je nach Ausbildungshintergrund und Weiterbildungserfahrung können bestimmte Themen und methodische Zugänge Über-, aber auch Unterforderung hervorrufen. Die Präsentation von theoretischen Modellen in einer wissenschaftlichen Sprache spricht beispielsweise eher ein Publikum mit akademischem Hintergrund an. Personen, die praktisches Handeln gewohnt sind, werden einen zu akademischen Stil schnell als »langweilig« und »trocken« empfinden. Analog kann ein sehr spielerischer Ansatz von Menschen, die klare Informationen bevorzugen, als »unseriös« bewertet werden. Methoden, die an den Bedürfnissen und Möglichkeiten der Teilnehmenden vorbeigehen, können zu Abwehrreaktionen führen.

In vielen Handlungsfeldern kann man bei der Konzeption einer Weiterbildung von einem recht homogenen Publikum ausgehen. Während bei einer Veranstaltung für die Mitglieder eines internationalen Teams eines Industrieunternehmens oder die Mitarbeitenden einer bestimmten Behörde (z. B. auch der Berufsfeuerwehr) der Ausbildungshintergrund der Teilnehmenden in der Regel ähnlich ist, ist dies bei der Freiwilligen Feuerwehr nicht der Fall. Hier treffen Menschen mit unterschiedlichen Bildungs- und Berufsbiografien aufeinander. Informationen über die Ausbildungs- und Berufshintergründe der Teilnehmenden eines Trainings oder Workshops können dabei helfen, eine möglichst passende Ansprache sowie eine angemessene Mischung von kognitiven und praktischen Lernmethoden zu finden. Ob die Eigenschaften und Fähigkeiten der Lerngruppe treffend prognostiziert wurden, zeigt sich in den ersten Stunden der Weiterbildung. Nicht selten werden Justierungen in die eine oder andere Richtung notwendig sein.

8.5 Die Akzeptanz des/der Seminar- bzw. Lehrgangsleiter*in

In den ersten ein bis zwei Stunden einer Weiterbildungsveranstaltung entscheidet sich, ob es dem/der Dozent*in gelingt, einen »Draht« zu den Teilnehmenden zu bekommen. Voraussetzung dafür ist, nicht nur als fachlich kompetent, sondern auch als sympathisch wahrgenommen zu werden.

Herstellen einer positiven Beziehung zu den Teilnehmenden
Erkenntnisse aus der Hirnforschung verweisen auf die Bedeutung der Beziehung im Lehr-/Lerngeschehen. »Informationen werden nur dann nachhaltig verankert, wenn zugleich auch emotionale Zentren im Gehirn aktiviert und vertrauensvolle Bindungen zu den Bezugspersonen aufgebaut werden können« (Hüther, 2013). Eine Zugewandtheit zu den Teilnehmenden einer Weiterbildung ist vor diesem Hintergrund eine entscheidende Voraussetzung für Lernerfolge. Im Sinne von »resonanten Beziehungen« (Rosa, 2016) geht es aber nicht nur einseitig darum, Weiterbildungsteilnehmende »zu berühren« und – kognitiv und emotional – zum Mitschwingen zu bringen. Auch umgekehrt ist der/die Trainer*in gefordert, nahbar zu sein und sich von den Ideen, Gedanken und Gefühlen der Teilnehmenden erreichen zu lassen. Den Gefahren einer zu großen Distanz bzw. Dissonanz zur Lerngruppe entgehen Weiterbildungsleiter*innen, die sich als (Mit-)Lernende definieren und darstellen, die ihre eigenen Erfahrungen im interkulturellen Feld beschreiben und dabei auch eigene Fehler nicht aussparen.

Der erste Eindruck
Um eine Nähe zu den Teilnehmenden herzustellen sollte der/die Dozent*in/Trainer*in gleich zu Beginn der Veranstaltung seine/ihre Kenntnis des Tätigkeitsfeldes der Teilnehmenden sowie Verständnis für die Herausforderungen ihres Arbeitsbereiches demonstrieren. Von einer zu starken Betonung eines möglicherweise vorhandenen akademischen Profils raten wir ab. Stattdessen sollte er/sie durch Darstellung seiner/ihrer Erfahrung im interkulturellen Bereich, aber auch speziell mit der Zielgruppe seine/ihre Professionalität als Trainer*in unterstreichen.

Um in der Anfangsphase ein offenes Lernklima zu etablieren, sollten die Teilnehmenden ermutigt werden, Kritik und Verbesserungsvorschläge zeitnah und nicht erst am Fortbildungsende zu kommunizieren. Diesem Vorgehen liegt der Gedanke zugrunde, dass mögliche Widerstände früh aufgedeckt und einer Bearbeitung zugänglich gemacht werden können. Bei der Darstellung des Programmablaufs empfehlen wir, auch die eingesetzten Methoden zu beschreiben. Die Teilnehmenden sollten zu Beginn nicht nur zu einer aktiven Teilnahme aufgefordert werden, sondern gegebenenfalls auch auf möglicherweise verunsichernde Momente vorbereitet werden. Darüber hinaus ist eine Erwartungsabfrage zu Beginn unverzichtbar. Sie demonstriert den Teilnehmenden, dass ihre Wünsche und Bedenken ernst genommen werden. Außerdem hilft sie dabei, bereits existierende Widerstände (»keine Rollenspiele«) oder mögliche Fehlannahmen über die Veranstaltungsinhalte, die sich zu Widerständen entwickeln können, aufzudecken (»Wie gehe ich mit Russen um?«).

Humor
Vorhandene Weltbilder in Frage zu stellen, ist ein zentrales Element interkultureller Weiterbildungen. Dies kann nachvollziehbarerweise Verunsicherung und Widerstände bei den Teilnehmenden auslösen. Humor kann dabei helfen, Abwehrreaktionen zu vermeiden und eine offene und »leichte« Lernatmosphäre zu bewahren (vgl. Leenen & Scheitza, 2019). Humor hilft dabei, eine Distanz zu bewahren und erleichtert den Umgang mit Gefühlen, die sich bei der Behandlung von Konfliktthemen einstellen. In den Worten von Siebert (2003): »Komik ist ein Betrachtungsstandpunkt, eine Perspektive, die die Nichtigkeit und Unzulänglichkeit der Welt registriert und akzeptiert.« (S. 39). Neurowissenschaftliche Befunde unterstreichen diese These: Die Gefühle Angst und Erheiterung scheinen diametral zueinander angelegt zu sein, sodass Freude und Vergnügen quasi automatisch Befürchtungen und Sorgen reduzieren (Schinzilarz & Friedli, 2013). Die Neurowissenschaften verweisen darüber hinaus auf die positive Wirkung von Humor für Lernprozesse: Gefühlsmäßig besetzte Lerninhalte werden deutlich nachhaltiger angeeignet (Siebert, 2003). Eine amüsante Präsentation scheint dazu beizutragen, dass Inhalte besser erinnert werden (Kassner, 2002; Bieg u. Dresel, 2018). Dabei ist allerdings entscheidend, dass der Humor in Verbindung zu den dargestellten Inhalten steht.

Humor hat aber auch eine wichtige soziale Funktion. Ein lächelnder Mensch signalisiert seinen Mitmenschen Freundlichkeit und Respekt. Die Teilnehmenden einer Weiterbildung »... [reagieren] im Spiegeleffekt auf diese Signale ... So fühlen sie sich augenblicklich heiterer und gelassener und es wird leichter, Situationen zu verarbeiten, neue Zusammenhänge herzustellen oder einfach eine gekonnte Begegnung zu gestalten.« (Schinzilarz u. Friedli, 2013, S. 283).

8.6 Umgang mit Widerständen im Seminarraum

Interkulturelle Weiterbildungen können ihre Ziele nur erreichen, wenn Widerstände entweder nicht entstehen oder aber im Fortbildungsverlauf aufgelöst werden können. Nicht bei jeder kritischen Bemerkung aus der Lerngruppe muss es sich gleich um einen Widerstand handeln, der eine intensive Auseinandersetzung erfordert. Es gibt allerdings auch Äußerungen oder (Verweigerungs-)Handlungen, die eine klärende Intervention erfordern.

Erklärungen
Hinter Äußerungen wie »Was soll mir denn das Wissen über … bringen?« oder »Was hat diese Übung mit meinem Arbeitsalltag zu tun?« kann ganz einfach der Wunsch nach mehr Verständnis für die in einem interkulturellen Training behandelten Inhalte und die zu deren Vermittlung eingesetzten Methoden liegen (vgl. Scheitza & Düring-Hesse, 2014). Als Trainer*in sollte man auf solche Fragen vorbereitet und in der Lage sein, die gewünschte Information zu geben und zu erklären, warum man was tut. Für die Teilnehmenden wird auf diese Weise erkennbar, dass sie Mitverantwortliche und auch Mitgestaltende des Lehr-/Lernprozesses sind.

Veränderung von Stil und Methodik
Bemerkt der/die Seminar- bzw. Lehrgangsleiter*in der Teilnehmendengruppe eine gewisse Unruhe (Gespräch mit dem/der Nachbarn*in) oder eine geringe Aufmerksamkeit (verstohlener Blick auf das Smartphone), kann er/sie durch eine Variation seines/ihres Stils versuchen, das Lernklima zu verbessern. Erfolgreich ist dabei meist eine Anpassung an die Fortbildungsgewohnheiten der Teilnehmendengruppe bzw. an die in ihrer Organisation gelebte (Interaktions-)Kultur. Manche Teilnehmendengruppen bevorzugen beispielsweise einen eher kollegialen Umgang, andere halten einen »traditionellen Lehrer*innen-Stil« für durchaus nützlich und haben nichts dagegen, wenn »Unterrichtsfragen« an einzelne Teilnehmer*innen gerichtet werden.

Das Lernklima kann ebenso durch eine Variation von Inhalten, Methoden oder der Gliederung des Trainings positiv beeinflusst werden. Welche Methoden sind zu anspruchsvoll, welche für die Teilnehmendengruppe vielleicht zu banal, auf welche wird »allergisch« reagiert? Was gilt es hervorzuheben, was lediglich zu benennen, welche Inhalte können weggelassen werden, um die Gruppe in der zur Verfügung stehenden Zeit angemessen weiterbilden zu können? Um flexibel auf kritische Trainingssituationen reagieren zu können, ist es sinnvoll, über ein großes Methodenrepertoire zu verfügen und die für alternative Übungen notwendigen Materialien im wahrsten Sinnen des Wortes »in der Tasche« zu haben.

Ergründen der Hintergründe von Widerständen
Widerstände der leichteren Art lösen sich häufig durch die angesprochenen Erklärungen oder spontanen Variationen auf und müssen nicht weiter kommentiert werden. Bewirken die aufgeführten Maßnahmen nicht den gewünschten Erfolg, ist von grundlegenderen Widerständen auszugehen. In diesen Fällen ist es nötig, die Widerstände zu thematisieren und die hinter den Widerständen liegenden Sichtweisen oder Bedürfnisse zu ergründen. Der vorgesehene Trainingsablauf wird dabei unterbrochen und es erfolgt eine Diskussion, in der die Teilnehmenden ihren Unmut äußern können. Die Aufgabe des/der Seminarleiter*in besteht zum einen darin, die meist negativen Äußerungen in positive umzuformulieren (»Sie wünschen sich also …«). Zum anderen sollte den Widerständen (bzw. Wünschen) auf den Grund gegangen werden (»Warum ist es so wichtig für sie, dass …«). Zuhören ist hier wichtiger als reden. Protestierenden Teilnehmenden sollte mit respektvoller Neugier gegenübergetreten werden: »Ich möchte verstehen, warum Sie das so sehen. Erklären Sie es mir!«. Der Einspruch wird dadurch nicht nur ernst genommen, sondern wird zum Ausgangspunkt eines Diskurses, von dem auch andere Teilnehmende profitieren können. Die Erläuterung von Sichtweisen und Gedankenwelten versachlicht in der Regel das Konfliktgeschehen. Unterschiedliche Meinungen können verglichen, Argumente ausgetauscht und Annahmen auf ihre Plausibilität oder Richtigkeit überprüft werden.

Gelegentlich richten sich Äußerungen von Teilnehmenden nicht gegen angesprochene Inhalte oder eingesetzte Methoden, sondern artikulieren politische Positionen, z. B. zur staatlichen Einwanderungs- oder Integrationspolitik. Oft wird dabei versucht, den/die Trainer*in eine grundsätzliche Debatte zu diesem Thema zu verwickeln und zu einer politischen Verortung herauszufordern. Hier empfiehlt sich Gelassenheit und Neutralität. Anstatt in einen kontroversen Austausch von Positionen zu treten, sollte auch hier – wie oben beschreiben – ergründet werden, wie die betreffende Person zu ihrer Sicht der Dinge gelangt ist. Sind die Grundannahmen und die Informationsquellen offengelegt, kann der/die Weiterbildungsleiter*in auch seine/ihre eigene Sichtweise offenlegen und erläutern. Mit der Lerngruppe können Unterschiede und Übereinstimmungen gesucht und analysiert werden. Bei diesem Prozess entwickelt sich aus dem anfänglichen Widerstand unter Umständen ein Lerngewinn für die gesamte Teilnehmendengruppe.

9 Resümee

In der Einleitung zu diesem Buch haben wir auf die Brandkatastrophe in Ludwigshafen aus dem Jahr 2008 Bezug genommen. Damals war es dem Wirken des türkeistämmigen Ludwigshafener Feuerwehrmanns Murat Isik zu verdanken, dass sich die Wogen glätteten (Projektgruppe des Ludwig-Uhland-Instituts, 2011). Mit der türkischen Sprache und Mentalität vertraut, fand er einen Zugang zu den Landsleuten der Opfer des Brandes. Vor dem Brandhaus redete er mit der aufgebrachten Menge. Der damaligen Oberbürgermeisterin riet er, die Imame aus Ludwigshafen und dem benachbarten Mannheim einzuladen und zwar für einem Freitagmorgen, »damit sie mittags in der Moschee beim Freitagsgebet für Ruhe und Besinnung sorgen« (Projektgruppe des Ludwig-Uhland-Instituts, 2011, S. 11). Die Maßnahmen griffen. Die Situation beruhigte sich. Murat Isik war damals der einzige Feuerwehrmann der Ludwigshafener Feuerwehr mit türkischen Wurzeln. Man mag sich kaum vorstellen, wie sich der Lauf der Dinge ohne sein Einschreiten entwickelt hätte.

Die meisten Einsatzkräfte der Feuerwehr können heute von Situationen berichten, bei denen sie im Kontakt zu Eingewanderten oder Geflüchteten mit unerwarteten Verhaltensweisen konfrontiert waren. Die Wahrscheinlichkeit einen Murat Isik in den eigenen Reihen zu haben, oder ganz allgemein Personen, die mit den Herkunftskulturen von Notfallbetroffenen mit Migrationshintergrund sehr vertraut sind, ist auch heute noch gering. Trotz verschiedener Kampagnen und Initiativen der vergangenen Jahre, ist die Feuerwehr vergleichsweise homogen geblieben und weit davon entfernt, die kulturelle Vielfalt Deutschlands auch nur annähernd abzubilden. In Richtung einer interkulturellen Öffnung sind bislang nur die ersten Schritte gegangen worden.

Aus unserer Sicht gibt es zwei zentrale Ansatzpunkte, um die interkulturelle Kompetenz der deutschen Feuerwehr den Gegebenheiten der Gegenwart anzupassen:

1. **Eine weitere Verstärkung der Bemühungen, Menschen mit nicht-deutschen Wurzeln für die Feuerwehr zu gewinnen und in die Arbeit von Feuerwehren zu integrieren.**

Um dieses Ziel zu erreichen, wird es nötig sein, sich bei der Entwicklung von Informations- und Werbemaßnahmen noch stärker in die Zielgruppe(n) hineinzuversetzen. Ist sie bereit und in der Lage, sich Informationen aktiv zu suchen oder wird man eher aufsuchend tätig sein müssen? Welche Medien nutzt sie? Welche

Argumente haben besonderes Gewicht? Welche Personen oder Organisationen können den Zugang zu migrantischen Communties erleichtern, welche können als Multiplikator*innen für die Anliegen der Feuerwehr eingesetzt werden?

Soll die Integration von Personen mit Migrationshintergrund gelingen, wird man sich auch mit den langjährigen, vorwiegend deutschstämmigen Feuerwehrmitgliedern beschäftigen müssen. Von der kategorischen Ablehnung einer multikulturellen Gesellschaft über ein pragmatisches sich Einstellen auf eine veränderte Zusammensetzung der Bevölkerung bis hin zu enthusiastischen Gefühlen der Begeisterung für ein Miteinander unterschiedlicher Weltbilder und Lebensentwürfe findet sich innerhalb der Feuerwehr ein breites Spektrum an Perspektiven. Es gilt nicht nur die Widerstände zu reduzieren, sondern – in manchen Fällen – auch einen vielleicht unrealistischen Optimismus. Realitätssinn und eine nüchterne Auseinandersetzung mit den Chancen, aber auch den Risiken einer interkulturellen Öffnung sind gefragt.

Was die Interkulturelle Öffnung der Feuerwehr betrifft, sei an dieser Stelle sehr nachdrücklich auf die Publikation »Einsatz braucht Vielfalt -Vielfalt braucht Einsatz. Handreichung zur interkulturellen Öffnung der Feuerwehren« des Deutschen Feuerwehrverbands hingewiesen, die dieser bereits 2012 veröffentlicht hat. Sie enthält eine Vielzahl sehr sinnvoller Vorschläge und Ansatzpunkte für die Integration von Menschen mit Migrationshintergrund in die Feuerwehr und für ein gelungenes Miteinander in einer kulturell vielfältigen Feuerwehr. Würden diese nicht nur vereinzelt, sondern auch in der Breite umgesetzt, müsste man sich um das Fortbestehen der Freiwilligen Feuerwehr nicht mehr sorgen. Sie hätte ihren Platz in der Mitte der Gesellschaft von heute gefunden.

2. Ausbau der interkulturellen Kompetenz
Interkulturelle Kompetenz erleichtert die Mitgliedergewinnung jenseits des eigenen kulturellen Bezugssystems und steigert die Effektivität von Feuerwehrhandeln im Einsatzgeschehen. Da die kulturelle Vielfalt in der deutschen Gesellschaft in den kommenden Jahrzehnten aller Voraussicht nach weiter zunehmen wird, bleibt interkulturelles Handlungswissen für die Feuerwehr eine Schlüsselkompetenz.

Es gibt derzeit keinen Grund zu der Annahme, dass sich Migrationsbewegungen in Zukunft verringern werden. Solange sich die Lebensverhältnisse in der Welt drastisch unterscheiden, wird es Menschen geben, die sich aufgrund von Hunger, Krieg und Unterdrückung oder einfach nur für ein besseres Leben auf die Reise in Richtung wohlhabender und friedlicherer Regionen machen. In gewissem Maße ist Zuwanderung nach Deutschland ja auch gewollt und wird gefördert: In der Industrie und im Handwerk fehlen Fachkräfte, in den Bereichen Gesundheit und Pflege wird im Ausland händeringend nach Mitarbeiter*innen gesucht, um einem Personalnotstand entgegenzuwirken. Unsere Versorgung und unser Wohlstand werden sich ohne Einwanderung nicht auf dem aktuellen Niveau aufrechterhalten lassen. Allein schon durch diese gewollte Aufnahme von Menschen aus anderen Regionen der Welt, wird die kulturelle Vielfalt in Deutschland weiter zunehmen. Die Hintergründe der Verhaltensweisen von Notfallbetroffenen, die nicht (nur) in einer deutschen Umwelt aufgewachsen sind, zu kennen und schnell Lösungen für eine erfolgreiche Einsatzbewältigung zu finden, wird in Zukunft noch mehr als heute eine Voraussetzung für erfolgreiches Handeln im Ernstfall sein.

Stellen wir uns vor, die Feuerwehr geht diese Schritte an: Wie sähe die Feuerwehr dann aus? Wie wäre es um das deutsche Feuerwehrwesen bestellt? Versetzen wir uns in die Zukunft, sagen wir in das Jahr 2030:
Durch Werbekampagnen und durch erfolgreiche Netzwerkarbeit ist es gelungen, das Freiwillige Feuerwehrwesen am Leben zu halten. Nach Jahren des Mitgliederschwunds gibt es seit einigen Jahren wieder einen leichten Anstieg an freiwillig Engagierten in den Einsatzabteilungen. Bei den meisten Feuerwehren ist die Tagesalarmbereitschaft sichergestellt. Unter den neuen Mitgliedern sind überdurchschnittlich viele Menschen mit Migrationshintergrund. Nachdem das Feuerwehrwesen in den Communities vorgestellt wurde, schwanden viele Vorbehalte und viele Familien ermutigten besonders die junge Generation, sich in der Feuerwehr für das Gemeinwesen zu engagieren. Auch die Bewerbungen junger Migrant*innen bei den Berufsfeuerwehren haben deutlich zugenommen.

In vielen Feuerwehren war das Thema interkulturelle Öffnung diskutiert worden. Manche gelangten aus Überzeugung dazu, Menschen mit Migrationshintergrund gezielt zu werben, bei anderen war der Mitgliederschwund der treibende Faktor. Besonders gut gelang die Integration dort, wo man sich schon im Vorfeld Gedanken über geeignete Rahmenbedingungen und mögliche Hindernisse gemacht hatte. Schon vor der Aufnahme hatte man sich mit (kulturell) unterschiedlichen Bedürfnissen und Verhaltensweisen auseinandergesetzt. Dadurch stieg die interkulturelle Sensibilität in der Breite. Führungskräfte und die von vielen Feuerwehren eigens geschaffenen Integrationslots*innen wurden gezielt durch Kurse und Seminare auf ihre neuen Aufgaben vorbereitet. Dort wo man in diese Vorbereitung investiert und die Kamerad*innen in den Öffnungsprozess eingebunden hatte, gelang die Integration neuer Mitglieder besonders gut. Bei manchen Feuerwehren war der Mitgliederzuwachs zu einem Selbstläufer geworden: Dadurch, dass neue Feuerwehrkräfte mit Migrationshintergrund in ihrem Umfeld positiv über die Feuerwehr berichteten, interessierten sich weitere Personen für eine Tätigkeit bei der Feuerwehr. Dem kameradschaftlichen Miteinander tat das meist keinen Abbruch. Gelegentlich

9 Resümee

änderte sich der Speiseplan bei Veranstaltungen und Festen. Einige Berufsfeuerwehren richteten einen Gebetsraum für ihre Kolleg*innen muslimischen Glaubens ein.

Durch Informationskampagnen und Begegnungsprojekte sind Migrant*innen mit dem deutschen Feuerwehrwesen vertrauter als in der Vergangenheit. Ihre Vorbehalte haben sich verringert, das Vertrauen ist gestiegen. Geflüchtete und andere Neu-Eingereiste lernen in ihren Deutsch- und Integrationskursen die wichtigsten Fakten über die deutsche Feuerwehr. Die meisten Migrant*innen wissen nun, dass die Feuerwehr in Deutschland größtenteils nicht staatlich (oder militärisch), sondern bürgerschaftlich organisiert ist. Feuerwehrangehörige bemerken, dass man Ihnen mit mehr Respekt begegnet als gelegentlich in der Vergangenheit. Dort wo der Anteil von Mitgliedern mit Migrationshintergrund besonders hoch ist, macht sich das auch im Einsatzgeschehen positiv bemerkbar: Kamerad*innen mit Migrationshintergrund können sich mit Notfallbetroffenen besser verständigen, sie verstehen ihre Verhaltensweisen und finden angemessene Wege für eine zielgerichtete Aufgabenbewältigung. Dort wo der Anteil von Feuerwehrkräften mit Migrationshintergrund noch gering ist, hat man Feuerwehrkräfte speziell für eine erfolgreiche Bewältigung interkultureller Einsätze ausgebildet. Zu diesem Zweck haben die Feuerwehrschulen der meisten Bundesländer Lehrgänge für »Interkulturelle Einsatzspezialist*innen« eingeführt. Geht bei einer Leitstelle ein Notruf ein, der kulturelle Faktoren vermuten lässt, rücken diese mit aus. Sie sind mit kulturellen Unterschieden vertraut, widmen sich – wenn dies nötig ist – den Angehörigen und Zuschauenden, erklären bei Bedarf die Einsatzbewältigung der Feuerwehr, deeskalieren angespannte Situationen und unterstützen auch die Lösch- und Rettungsarbeiten ihrer Kamerad*innen mit ihrem interkulturellen Know-how. Eine Situation wie 2008 in Ludwigshafen hat es seitdem nicht mehr gegeben.

Literaturverzeichnis

Adler, N. (2002). International dimensions of organizational behavior. Cincinnati: South-Western.
Anheier, H. K. & Toepler, S. (2003). Bürgerschaftliches Engagement zur Stärkung der Zivilgesellschaft im internationalen Vergleich. In: Enquete-Kommission »Zukunft des Bürgerschaftlichen Engagements« Deutscher Bundestag (Hrsg.). Bürgerschaftliches Engagement im internationalen Vergleich. Wiesbaden: VS Verlag für Sozialwissenschaften.
Be, S. & Jacobs, K. (1999): Interkulturelle Kommunikation und Wahrnehmung I, in: : IAF – Verband binationaler Familien und Partnerschaften (Hg.), Beratung im interkulturellen Kontext, (S.101–112), Berlin: IAF.
Beher, K., Krimmer, H., Rauschenbach, T. & Zimmer, A. (2008). Die vergessene Elite. Führungskräfte in gemeinnützigen Organisationen. Weinheim: Juventa Verlag.
Bekyigit, O. (2010). Ehrenamt und Integration. Die Feuerwehr ist männlich und weiß. In: Bevölkerungsschutz 1/2010, S. 10–13.
Bennett, J. M. (2009). Cultivating intercultural competence: A process perspective. In: D. K. Deardorff (ed.). The Sage Handbook of Intercultural Competence, 121–140. Thousand Oaks: Sage.
Bennett, J. M. (2015). The SAGE Encyclopedia of Intercultural Competence. Thousand Oaks: Sage.
Bennett, M. J. (1995): Critical Incidents in an Intercultural Conflict Resolution Exercise. In: Fowler, S. M. & Mumford, M. C. (Hrsg.), Intercultural Sourcebook: Cross-Cultural Training Methods: (147–156). Yarmouth: Intercultural Press.
Berry, J. W. (1995): Psychology of acculturation. In: Goldberger, N. R. & Veroff, J. B. (Hrsg.), The culture and psychology reader: (457–488). New York: New York University Press.
Berry, J. W. (2004). Fundamental psychological processes in intercultural relations. In: D. Landis, J. M. Bennett & M. J. Bennett (eds.): Handbook of intercultural training (3rd ed.), 166–184. Thousand Oaks: Sage.
Bieg, S., Dresel, M. (2018). Relevance of perceived teacher humor types for instruction and student learning. Social Psychology of Education. https://doi.org/10.1007/s11218-018-9428-z
Bissels, S., Sackmann, S. & Bissels, T. (2001). Kulturelle Vielfalt in Organisationen. Ein blinder Fleck muss sehen lernen. In: Soziale Welt 52, 403–426.
Bovenkerk, F., Van San, M. & De Vries, S. (1999). Politiewerk in een multiculturele samenleving, LSOP, Tandem-Beek: Ubbergen.
Bundesinstitut für Bevölkerungsforschung (o. J.). Große regionale Unterschiede in der Bevölkerungsentwicklung. http://www.demografie-portal.de/SharedDocs/Informieren/DE/ZahlenFakten/Be¬voelkerungswachstum-Gemeinden-Kreise.html (letzter Zugriff am 17.01.2020).
Bundesministerium des Innern, für Bau und Heimat (2019). Pendlerdistanzen und Pendlerverflechtungen. https://heimat.bund.de/atlas/pendlerdistanzen-und-pendlerverflechtungen/ (letzter Zugriff am 17.01.2020).
Bundesministerium für Familie, Senioren, Frauen und Jugend (2014). Motive des bürgerschaftlichen Engagements. Kernergebnisse einer bevölkerungsrepräsentativen Befragung durch das Institut für Demoskopie Allensbach im August 2013. Berlin.
Bundesministerium für Familie, Senioren, Frauen und Jugend (2017): Zweiter Bericht über die Entwicklung des bürgerschaftlichen Engagements in der Bundesrepublik Deutschland Schwerpunktthema: »Demografischer Wandel und bürgerschaftliches Engagement: Der Beitrag des Engagements zur lokalen Entwicklung«. Berlin.
Busch, D. (2009): Wie kommen Ideen von interkultureller Mediation zustande? In: Otten, M., Scheitza, A. & Cnyrim, A. (Hrsg.), Interkulturelle Kompetenz im Wandel. Band 1: Grundlegungen, Konzepte, Diskurse: (141–154). Münster: LIT.
Byrne, D. (1971). The attraction paradigm. New York: Academic Press.
Deardorff, D. K. (ed.) (2009). The Sage Handbook of Intercultural Competence. Thousand Oaks: Sage.

Literaturverzeichnis

Deller, J. & Albrecht, A.-G. (2007). Interkulturelle Eignungsdiagnostik. In: J. Straub, A. Weidemann & D. Weidemann (Hg.). Handbuch Interkulturelle Kommunikation und Kompetenz, 741–754. Stuttgart/Weimar: Metzler.

Deutscher Feuerwehrverband (2012). Einsatz braucht Vielfalt -Vielfalt braucht Einsatz. Handreichung zur interkulturellen Öffnung der Feuerwehren. Berlin: Deutscher Feuerwehrverband e. V.

Deutscher Feuerwehrverband (2016): Feuerwehr-Statistik. http://www.feuerwehrverband.de/statistik.html (Zugriff am 17.01.2020).

Deutscher Feuerwehrverband (2019) (Hg.): Feuerwehr-Jahrbuch 2019. Bonn: Versandhaus des Deutschen Feuerwehrverbandes GmbH, S. 321–338.

Duss-von Werdt, J. (2011): Einführung in die Mediation. Heidelberg: Carl Auer Verlag.

El-Mafaalani, A. (2018). Das Integrationsparadox – Warum gelungene Integration zu mehr Konflikten führt. Köln: Verlag Kiepenheuer & Witsch.

Engelsing, T. (1998). Als der Kommandant den Benzinkanister brachte. In: Brandschutz, Deutsche Feuerwehr-Zeitung, Nr. 2, 1998.

Engelsing, T. (1999). Im Verein mit dem Feuer, 2. Auflage. Lengwil.

Erlinghagen, M. & Hank, K. (2011). Engagement im internationalen Vergleich. In: T. Olk & H. Birger (Hrsg.). Handbuch Bürgerschaftliches Engagement, S. 733–745. Weinheim/Basel: Beltz Juventa.

European Social Survey (2018 a). ESS-1 2002 Documentation Report. Edition 6.6. Bergen: Norwegian Centre for Research Data. https://www.europeansocialsurvey.org/docs/round1/survey/ESS1_data_documentation_report_e06_6.pdf (letzterZugriff am 07.04.2020).

European Social Survey (2018 b). ESS-2 2004 Documentation Report. Edition 3.7. Bergen: Norwegian Centre for Research Data. https://www.europeansocialsurvey.org/docs/round2/survey/ESS2_data_documentation_report_e03_7.pdf (letzter Zugriff am 07.04.2020).

European Social Survey (2018 c). ESS-3 2006 Documentation Report. Edition 3.7. Bergen: Norwegian Centre for Research Data. https://www.europeansocialsurvey.org/docs/round3/survey/ESS3_data_documentation_report_e03_7.pdf (letzter Zugriff am 07.04.2020).

Feuerwehrverband BW (Hrsg.) (2018). 200 Jahre Carl Metz, Begleitheft zur Ausstellung. o. O.

Fisher, R., Ury, W., & Patton, B. (2013): Das Harvard-Konzept. Der Klassiker der Verhandlungstechnik (24. Auflage.). Frankfurt am Main: Campus.

Frenzke-Kulbach, A. (2004). Interkulturelle Mediation. Möglichkeiten und Grenzen. In: Soziale Arbeit, 53. Jahrgang, 9–15.

Gauck, J. (2019). Toleranz: einfach schwer. Freiburg: Herder.

Geenen, E. M. (2010). Bevölkerungsverhalten und Möglichkeiten des Krisenmanagements und Katastrophenmanagements in multikulturellen Gesellschaften. Forschung im Bevölkerungsschutz, Bd. 11, Bonn: Bundesamt für Bevölkerungsschutz und Katastrophenhilfe.

Gilbert, J. A. & Ivancevich, J. M. (2000). Diversity management: Time for a new approach. In: Public Personnel Management, 29, 75–92.

Glaser, B. & Strauss, A. L. (1967). The discovery of grounded theory. Strategies for qualitative research. Chicago: Aldine Publishers.

Glasl, F. (2009): Konfliktmanagement. Ein Handbuch für Führungskräfte, Beraterinnen und Berater. Bern: Haupt.

Grosch, H. (2019 a). Einsatz von Bildern. In: W. R. Leenen (2019), Handbuch Methoden interkultureller Weiterbildung (S. 585–702). Göttingen: Vandenhoek & Ruprecht.

Grosch, H. (2019 b). Einsatz von Filmen. In: W. R. Leenen (2019), Handbuch Methoden interkultureller Weiterbildung (S. 705–924). Göttingen: Vandenhoek & Ruprecht.

Groß, A. & Leenen, W. R. (2019). Fallbasiertes Lernen: Einsatz von Critical Incidents. In: W. R. Leenen (2019), Handbuch Methoden interkultureller Weiterbildung (S. 325–384). Göttingen: Vandenhoek & Ruprecht.

Hämel (1913). Freiwillige Feuerwehr und Bürgerschaft – ein Wort über den Nachwuchs der freiwilligen Feuerwehr. In: D. R. F. V. (Hrsg.), Jung, L. Ph. (Bearb.). Verhandlungsbericht über den 18. Deutschen Feuerwehrtag in Leipzig, München 1913.

Hall, E. T., Hall, M. R. (1989). Understanding cultural differences. Yarmouth: Intercultural Press.

Literaturverzeichnis

Hallenberg, B. & Dettmer, R. (2018). Migranten, Meinungen und Milieus. Berlin: vhw – Bundesverband für Wohnen und Stadtentwicklung e. V.

Hampden-Turner, C. & Trompenaars, F. (2000): Building Cross-Cultural Competence: How to create wealth from conflicting values. Chichester: Whiley.

Han-Broich, M. (2011). Ehrenamt und Integration. Bedeutung sozialen Engagements in der (Flüchtlings-) Sozialarbeit. Wiesbaden: Springer VS.

Handschuck, S. & Schröer, H. (2012). Interkulturelle Orientierung und Öffnung. Theoretische Grundlagen und 50 Aktivitäten zur Umsetzung. ZIEL-Verlag: Augsburg.

Hannig, C. Kietzmann, D., Schönefeld, M., Lück, A. & Schmidt, S. (2016). Pädagogischer Leitfaden. Rettung, Hilfe & Kultur – Interkulturelle Kompetenz im Einsatz. Bonn: Bundesamt für Bevölkerungsschutz und Katastrophenhilfe.

Hielscher, V. & Nock, L. (2014). Perspektiven des Ehrenamtes im Zivil- und Katastrophenschutz. Metaanalyse und Handlungsempfehlungen. Saarbrücken. Institut für Sozialforschung und Sozialwirtschaft.

Hofstede, G., Hofstede, G. J., Minkov, M. (2017). Lokales Denken, globales Handeln: Interkulturelle Zusammenarbeit und globales Management. München: dtv Verlagsgesellschaft.

Hog, K. (1972). Jugendarbeit in der Feuerwehr – Belastung oder Gewinn? In: Generalsekretariat des DFV (Hrsg.), 24. Deutscher Feuerwehrtag, Münster.

Homann, U. (1999). Erich Kästner, Erfahrungen mit einem unterschätzten Satiriker, http://www.ursulahomann.de/ErichKaestnerErfahrungenMitEinemUnterschaetztenSatiriker/komplett.html (letzter Zugriff am 23.02.2019).

Horwarth, I. (2013). Gleichstellung im Feuerwehrwesen. »Gut Wehr!« und die HeldInnen von heute. Wiesbaden: Springer VS.

House, R. J., Hanges, P. J., Javidan, M., Dorfman, P. W. & Gupta, V. (2004). Culture, Leadership, and Organizations: The Globe Study of 62 Societies. Thousand Oaks: Sage.

Howard, M. M., Gibson, J. L. & Stolle, D. (2007). United States Citizenship, Involvement, Democracy (CID) Survey, 2006. Ann Arbor, MI: Inter-university Consortium for Political and Social Research [distributor], 2016–10–11. https://doi.org/10.3886/ICPSR04607.v2

Hüther, G. (2013). Wie lernen gelingt. Vortrag im Rahmen der Veranstaltungsreihe »Offensive Bildung« der BASF SE in Ludwigshafen am 13.03.2013.

Huijser, M. (2006). The cultural advantage. A new model for succeeding with global teams. Boston: Intercultural Press.

Huth, S. (2007). Bürgerschaftliches Engagement von Migrantinnen und Migranten – Lernorte und Wege zu sozialer Integration. INBAS-Sozialforschung, Frankfurt am Main.

Huth, S. (2011): Migration und Integration. In: T. Olk & Birger, H. (Hrsg.). Handbuch bürgerschaftlichen Engagement. Weinheim: Belz Juventa.

Huth, S. (2012). Freiwilliges und bürgerschaftliches Engagement von Menschen mit Migrationshintergrund – Barrieren und Türöffner. Bonn: Abteilung Wirtschafts- und Sozialpolitik der Friedrich-Ebert-Stiftung.

Institut für Demoskopie Allensbach (2013). Motive des bürgerschaftlichen Engagements. Ergebnisse einer bevölkerungsrepräsentativen Befragung. Allensbach: Institut für Demoskopie Allensbach.

Internationale Arbeitsgemeinschaft für Feuerwehr- und Brandschutzgeschichte im CTIF (Hrsg.) (2004). Brandschutz unter autoritären Regimes. Fulda.

Internationale Arbeitsgemeinschaft für Feuerwehr- und Brandschutzgeschichte im CTIF (Hrsg.) (2011)., Turner- und Feuerwehrbewegung, Tagungsband 2011. Pribyslav.

International Labour Office (2018): National practices in measuring volunteer work: A critical review. Room Document 12, 20th International Conference of Labour Statisticans, Geneva, 10–19 October 2018. https://www.ilo.org/wcmsp5/groups/public/—dgreports/—stat/documents/meetingdocument/wcms_636049.pdf (letzter Zugriff am 07.04.2020).

Kassner, D. (2002). Humor im Unterricht: Bedeutung – Einfluss – Wirkungen. Können pädagogische Leistungen und berufliche Qualifikationen durch pädagogischen Humor verbessert werden? Baltmannsweiler: Schneider Hohengehren.

Literaturverzeichnis

Keine, R. (2018). Jüdisches Leben und Feuerwehr Frankfurt,. In: Umbrüche, Tagungsband, 6. Feuerwehrhistorisches Seminar. Fulda.

Kelly, G. A. (1991). The psychology of personal constructs. Vol. 1 and 2. New York: Routledge.

Kleefeld, H. (2011). Demografischer Wandel und Innovationsfähigkeit in der IT-Branche. Anforderungen an ein strategisches Human Resource Management. Köln: Joseph Eul Verlag.

Klein, A. (2011). Zivilgesellschaft/Bürgergesellschaft. In: T. Olk & B. Hartnuß (Hrsg.) Handbuch Bürgerschaftliches Engagement. Weinheim: Beltz Juventa.

Kluckhohn, F. R., Strodtbeck, F. L. (1961). Variations in value orientations. Evanston, IL: Row, Peterson.

Krewer, B. & Scheitza, A. (1995). Interkulturelle Kompetenz als Kriterium der Personalauswahl. Konzept- und Instrumentenvorschlag zur Überarbeitung des Personalauswahlverfahrens der GTZ. Saarbrücken: Arbeitsgruppe Umwelt- und Kulturpsychologie der Universität des Saarlandes.

Ladwig B. (1986). Jugendfeuerwehren in Deutschland. Entwicklungsgeschichte. Hanau.

Landesfeuerwehrverband Hessen (2012). Mehr Menschen für die Feuerwehr. Leitfaden zur Gewinnung und Stärkung von Freiwilligen für die Feuerwehren in Hessen (2. erweiterte und überarbeitete Auflage). Kassel: Landesfeuerwehrverband Hessen.

Landesfeuerwehrverband Hessen (2017). Feuerwehr und gesellschaftliche Vielfalt. Kassel: LFV Hessen.

Landis, D., Bennett, J. M. & Bennett, M (2004): Handbook of Intercultural Training (3rd ed.). Thousand Oaks: Sage.

Leenen, W. R. (2019 a). Grundbegriffe interkultureller Kompetenzvermittlung. In: W. R. Leenen (Hg.), Handbuch Methoden interkultureller Weiterbildung (S. 25 – 167). Göttingen: Vandenhoek & Ruprecht.

Leenen, W. R. (Hrsg.) (2019 b). Handbuch Methoden Interkultureller Weiterbildung. Göttingen: Vandenhoek & Ruprecht.

Leenen, W. R. (2019 c). Simulationen. In: W. R. Leenen (2019), Handbuch Methoden interkultureller Weiterbildung (S. 451 – 515). Göttingen: Vandenhoek & Ruprecht.

Leenen, W. R. & Grosch, H. (1998). Interkulturelles Training in der Lehrerfortbildung. In: Bundeszentrale für politische Bildung (Hrsg.). Interkulturelles Lernen. Arbeitshilfen für die Politische Bildung, (S. 317 – 340). Bonn: Bundeszentrale für politische Bildung.

Leenen, R., Scheitza, A. & Wiedemeyer, M. (2006). Diversität nutzen! Herausforderungen und Ansatzpunkte einer betrieblichen Integration von Menschen mit Migrationshintergrund. Münster: Waxmann.

Leenen, W. R., Scheitza, A. & Stumpf, S. (2014). Interkulturelle Kompetenz als Anforderungsmerkmal in der Personalauswahl. In: Uske, H., Scheitza, A., Düring-Hesse, S. & Fischer, S. (Hrsg.) (2014). Interkulturelle Öffnung der Verwaltung. Konzepte, Probleme, Beispiele (S. 91 – 102). Duisburg/Köln/Kreis Recklinghausen/Lünen/Mainz: Eigenverlag.

Leenen, W. R., Grosch, H., Groß, A. & Scheitza, A. (2014). Kulturelle Diversität in der öffentlichen Verwaltung. Konzeptionelle Grundsatzfragen, Strategien und praktische Lösungen am Beispiel der Polizei. Münster: Waxmann.

Leenen, W. R. & Scheitza, A. (2019). Präsentationen. In: W. R. Leenen (2019), Handbuch Methoden interkultureller Weiterbildung (S. 515 – 582). Göttingen: Vandenhoek & Ruprecht.

Leupold, D. & Schamberger, R. (2015). Brandschutzgeschichte. Stuttgart.

Linhardt, A. (2002). Feuerwehr im Luftschutz 1926 – 1945. Die Umstrukturierung des öffentlichen Feuerlöschwesens in Deutschland unter den Gesichtspunkten des zivilen Luftschutzes. Braunschweig.

Machado, C. (2013). Patienten aus fremden Kulturen im Notarzt- und Rettungsdienst. Berlin: Springer.

Magirus, C. D. (1877). Das Feuerlöschwesen in allen seinen Theilen. Ulm.

Magistrat der Stadt Wien (Hrsg.) (2010). Integrations- und Diversitätsmonitor der Stadt Wien 2009. Wien.

Mayer, C.-H. (2006). Trainingshandbuch Interkulturelle Mediation und Konfliktlösung. Münster: Waxmann.

Literaturverzeichnis

Mayer, C.-H. & Vanderheiden, E. (2014): Einführung: Interkulturelle Öffnungsprozesse gestalten. In: E. Vanderheiden & C.-H. Mayer (Hrsg.). Handbuch Interkulturelle Öffnung. Grundlagen, Best Practice, Tools. Göttingen: Vandenhoeck & Ruprecht.

Mayring, P. (2015). Qualitative Inhaltsanalyse. Grundlagen und Techniken (12. Auflage). Weinheim: Beltz.

Morrow-Howell, N., Hong, S.-I., & Tang, F. (2009): Who benefits from volunteering? Variations in Perceived Benefits. In: The Gerontologist, The Gerontologist, Volume 49, Issue 1, February 2009, Pages 91–102.

Nader, A. (2017). Diversitätsorientierte Organisationsentwicklung: Grundsätze und Qualitätskriterien – ein Handlungsansatz der RAA Berlin. Regionale Arbeitsstellen für Bildung, Integration und Demokratie (RAA) e. V. (Hrsg.). Im Internet verfügbar unter: http://raa-berlin.de/wp-content/uploads/2017/07/DO-GRUNDSAETZE-RAA-BERLIN.pdf (letzter Zugriff am 25. Juli 2019).

Notz, Gisela (2012). Freiwilligendienste für alle: Von der ehrenamtlichen Tätigkeit zur Prekarisierung der »freiwilligen« Arbeit. Neu-Ulm: AG SAAK Bücher.

Oakley, R. (2001). Police training and recruitment in multi-ethnic Britain. Canberra: Australian Institute of Criminology. http://www.aic.gov.au/media_library/conferences/policing/oakley2.pdf, (letzter Zugriff am 10.06.2014).

Oliveira, D. de (2016). Sagen Sie es einfach: Eine Einführung in die einfache Sprache. Norderstedt: Books on Demand.

Paige, M. R. (1993). On the nature of intercultural experience and intercultural education. In: M. R. Paige (ed.). Education for the intercultural experience, 1–19. Yarmouth: Intercultural press.

Panesar, R. (2017). Wie Interkulturelle Öffnung gelingt: Leitfaden für Vereine und gemeinnützige Organisationen. ZiviZ gGmbH (Hrsg.), Verwaltungsgesellschaft für Wissenschaftspflege: Essen. Im Internet verfügbar unter: http://ziviz.de/download/file/fid/345, (letzter Zugriff am 26. Juli 2019).

Petersen, L.-E. & Six, B (Hrsg.) (2008). Stereotype, Vorurteile und soziale Diskriminierung. Theorien, Befunde und Interventionen. Weinheim: Beltz.

Projektgruppe des Ludwig-Uhland-Instituts (2011). Meier. Müller. Shahadat. Migranten bei der Feuerwehr und dem Roten Kreuz. Tübingen: Tübinger Vereinigung für Volkskunde e. V.

Rosa, H. (2016). Resonanz. Eine Soziologie der Weltbeziehung. Frankfurt/Main: Suhrkamp.

Roth, J. & Ettling, S. (2014). Interkulturelle Kompetenz in Gesundheit und Pflege. Ilmenau: EduMedia.

Sachße, C. (2011). Traditionslinien bürgerschaftlichen Engagements in Deutschland. In: T. Olk & B. Hartnuß (Hrsg.) Handbuch Bürgerschaftliches Engagement. Weinheim: Beltz Juventa.

Schamberger, R. (2003). Einer für Alle – Alle für einen, 150 Jahre Deutscher Feuerwehrverband, Stuttgart.

Schamberger, R. (2004). Frauen im Brandschutz – Von der Hilfskraft in Notzeiten zur Kameradin. In: Landesfeuerwehrverband Hessen (Hrsg.). Alle Kraft der Feuerwehr – 50 Jahre Landesfeuerwehrverband Hessen.

Schamberger, R. (2013). Jüdisches Leben und Feuerwehr. In: Brandschutz/Deutsche Feuerwehrzeitung, 11/2013.

Schamberger, R. & Schrammen, G. (2010). Branddirektor und Major der Landwehr, Dr. jur. Bernhard Reddemann, Aufstieg und Fall eines Allrounders. In: Entstehung und Entwicklung der Feuerwehrverbände. Tagungsband der Internationalen Arbeitsgemeinschaft für Feuerwehr- und Brandschutzgeschichte im CTIF (Hrsg.). Pribyslav.

Scheitza, A. (2009). Interkulturelle Kompetenz: Forschungsansätze, Trends und Implikationen für interkulturelle Trainings. In: M. Otten, A. Scheitza & A. Cnyrim (Hg.). Interkulturelle Kompetenz im Wandel. Band 1: Grundlegungen, Diskurse und Konzepte (2. Auflage), 91–119. Münster: LIT.

Scheitza, A. (2019). Selbsteinschätzungsübungen und Testverfahren. In: W. R. Leenen (2019), Handbuch Methoden interkultureller Weiterbildung (S. 387–449). Göttingen: Vandenhoek & Ruprecht.

Scheitza, A. & Düring-Hesse, S. (2014). »Wieso sitze ich hier?« – Widerstände in Fortbildungen zur Interkulturellen Kompetenz in Verwaltungsorganisationen. In: Uske, H., Scheitza, A., Düring-

Literaturverzeichnis

Hesse, S. & Fischer, S. (Hrsg.) (2014). Interkulturelle Öffnung der Verwaltung. Konzepte, Probleme, Beispiele (S. 127–142). Duisburg/Köln/Kreis Recklinghausen/Lünen/Mainz: Eigenverlag.

Schinzilarz, C. & Friedli, C. (2013). Humor in Coaching, Beratung und Training. Weinheim & Basel: Beltz Verlag.

Schmidt, S. & Galea, E. (Eds.) (2013). Behaviour-Security-Culture. Human behaviour in emergencies and disasters: A cross-cultural investigation. Lengerich: Pabst.

Schmidt., S., Hannig, C., Kietzmann, D., Knuth, D., Mösko, M. & Schönefeld, M. (2018). Interkulturelle Kompetenz im Bevölkerungsschutz. Bonn: Bundesamt für Bevölkerungsschutz und Katastrophenhilfe.

Schulz von Thun, F. (2010). Miteinander reden 1: Störungen und Klärungen: Allgemeine Psychologie der Kommunikation. 48. Aufl.. Reinbek: Rowohlt Verlag.

Schunck, R. (1996). Die Pariser Feuerwehr (mit einem Vorwort von Hans-Peter Plattner). In: Brandschutz/Deutsche Feuerwehrzeitung, Nr. 1, 1996.

Siebert, H. (2003). Die bunte Welt des Humors. Komik und Humor pädagogisch betrachtet. Frankfurt: VAS Verlag.

Simonson, J., Vogel, C. & Tesch-Römer, C. (2016). Freiwilliges Engagement in Deutschland. Der Deutsche Freiwilligensurvey 2014. Wiesbaden: Springer Fachmedien.

Statistisches Bundesamt (2019). Jede vierte Person in Deutschland hatte 2018 einen Migrationshintergrund. https://www.destatis.de/DE/Presse/Pressemitteilungen/2019/08/PD19_314_12511.html;jsessionid=EF2CB39FEC2C49E26479F6D18532D106.internet742 (Zugriff am 10.11.2020).

Statistisches Bundesamt (2020). Genesis-Online Datenbank, Bevölkerung Deutschland. https://www-genesis.destatis.de/genesis/online/data?operation=previo¬us&levelindex=1&step=1&titel=Ergebnis&levelid=1579263657306&acceptscookies=false (Zugriff am 17.01.2010).

Straub, J. (2018). Das Selbst als interkulturelles Kompetenzzentrum. Ein zeitdiagnostischer Blick auf die wuchernde Diskursivierung einer ›Schlüsselqualifikation‹. In: P. Chakkarath & D. Weidemann (Hg.). Kulturpsychologische Gegenwartsdiagnosen, 149–202. Bielefeld: transcript Verlag.

Straub, J., Weidemann, A. & Weidemann, D. (Hg.) (2007). Handbuch Interkulturelle Kommunikation und Kompetenz. Stuttgart/Weimar: Metzler.

Straub, J. & Zielke, B. (2007). Gesundheitsversorgung. In: In: J. Straub, A. Weidemann & D. Weidemann (Hg.) Handbuch Interkulturelle Kommunikation und Kompetenz, 716–728. Stuttgart/Weimar: Metzler.

Strumpf, G. (o. J.). Kurze Geschichte der Feuerwehr, Vereinigung zur Förderung des Deutschen Brandschutze, Referat 11, Brandschutzgeschichte, Bericht Nr. 23, Köln.

Stumpf, S., Leenen, W. R. & Scheitza, A. (2016). Adverse Impact in der Personalauswahl einer deutschen Behörde: Eine Analyse ethnischer Subgruppendifferenzen. In: German Journal of Human Resource Management-Zeitschrift für Personalforschung, (S. 1–28).

Tajfel., H. (1981). Human groups and social categories: Studies in social psychology. Cambridge: Cambridge University Press.

Thiagarajan, S. (2004). Simulation games by Thiagi (pp. 108–120). Bloomington: Workshops by Thiagi Inc.

Thiagarajan, S. (2006). Barnga: A simulation game on cultural clashes – 25th anniversary edition. Boston: Intercultural Press.

Thomas, A. (2005). National- und Organisationskulturen. In: A. Thomas, E.-U. Kinast & S. Schrol-Machl (Hrsg.), Handbuch interkulturelle Kommunikation und Kooperation. Grundlagen und Praxisfelder (S. 32–43). Göttingen: Vandenhoeck & Ruprecht.

Thomas, D. A. & Ely, R. J. (1996). Making differences matter: A new paradigm for managing diversity. In: Harvard Business Review, Sept–Oct, 79–90.

Trompenaars, F. (1993). Handbuch globales Managen. Düsseldorf: Econ.

Tuncay, F. (2015). »Gut gemeint« ist nicht gleich »gut gemacht« – Vorstandsarbeit in der Migrationsgesellschaft. In: eNewsletter Wegweiser Bürgergesellschaft 01/2015 vom 28.01.2015.

Literaturverzeichnis

Ulrich, S. (2000): Achtung und Toleranz. Wege demokratischer Konfliktregulierung. Praxishandbuch für die politische Bildung. Gütersloh: Bertelsmann.

VFDB (Hrsg.), Daniel Leupold (Bearb.) (2012). Zwischen Gleichschaltung und Bombenkrieg. Tagungsband zum Symposium zur Geschichte der deutschen Feuerwehren im Nationalsozialismus 1933–1945. Köln.

Vopel, K. W. (2009). Interaktionsspiele für Jugendliche, Teil 3. Salzhausen: iskopress.

Watzlawick, P., Beavin, J. H., & Jackson, D. D. (2000): Menschliche Kommunikation. Formen Störungen Paradoxien. Bern: Hans Huber.

Wegener, K., Watermann, T., Tielker S. & Frenkel, E. (2013). Die Geschichte eines jüdischen Feuerwehrmannes aus Lemgo. In: Brandschutz/Deutsche Feuerwehrzeitung, 11/2013.

Wictor, T. (2010). Flamethrower troops of World War I: The central and allied powers. Atglen PA: Schiffer Publishing.

Winkler, Joachim (2011). Über das Ehrenamt. Bremen: Europäischer Hochschulverlag.

Yildirim-Krannig, Y., Mähler, M. & Wucholt, F. (2014). Eine kulturtheoretische Betrachtung von Feuerwehren im Wandel. Eine Momentaufnahme. In M. Jenki, N. Ellebrecht & S. Kaufmann (Hg.), Organisationen und Experten des Notfalls. Zum Wandel von Technik und Kultur bei Feuerwehr und Rettungsdiensten (S. 123–143). Münster: LIT Verlag.

Zacharaki, I., Eppenstein, T. & Krummacher, M. (2016). Interkulturelle Kompetenz. Handbuch für soziale und pädagogische Berufe. Frankfurt: Debus Pädagogik.

Jens-Peter Wilke

Fordern und Fördern – Führungspraxis für Feuerwehrleute

3., erw. und überarb. Auflage 2021
148 Seiten. Kart. € 26,–
ISBN 978-3-17-038618-1
Führung

Führen macht Spaß, es kann aber auch eine große Last sein. Welcher Führungsstil ist der richtige? Warum macht jeder was er will? Welche psychologischen Aspekte spielen im Einsatz eine Rolle? Wie löse ich Konflikte? Fragen, die viele Feuerwehrführungskräfte beschäftigen.

In diesem Buch wird die Anwendbarkeit moderner Führungstechniken sowohl für den Bereich der Freiwilligen Feuerwehren als auch für den Bereich der Berufs- und Werkfeuerwehren mit zahlreichen praktischen Beispielen und Illustrationen verständlich erklärt. Die dritte Auflage wurde komplett überarbeitet und um weitere Themen wie Diskriminierung oder sexuelle Belästigung am Arbeitsplatz erweitert.

Oberamtsrat Dipl.-Verwaltungswirt Jens-Peter Wilke ist seit über 30 Jahren bei der Berliner Feuerwehr in verschiedenen Funktionen tätig und zwar nicht nur als Führungskraft, sondern immer auch als „Geführter".

Digital-Ausgabe erhältlich in der BRANDSchutz-App und als E-Book.
Leseproben und weitere Informationen:
www.kohlhammer-feuerwehr.de